国家中等职业教育改革发展示范校建设系列教材

预算员实训

主　编　康喜梅

副主编　李晓青　徐洲元　王福让

中国水利水电出版社

www.waterpub.com.cn

内 容 提 要

本书是根据"国家中等职业教育改革发展示范学校建设计划"中创新教育内容的要求编写的。

本书编入水利水电工程预算员所需基本知识，内容包括水利水电工程项目划分及费用构成、基础单价、建筑安装工程单价、设备费、分部概算及总概算、工程量清单计价、施工预算、施工图预算、结算、决算、施工索赔；还融入建筑工程量计算基本知识。结合大量案例，能满足中职教学中教、学、做一体化的要求。

本书可作为中等职业水利类学校的教学用书，也可作为水利水电工程技术人员概、预算编制时的参考用书。

图书在版编目（ＣＩＰ）数据

预算员实训 / 康喜梅主编. -- 北京：中国水利水
电出版社，2014.12
国家中等职业教育改革发展示范校建设系列教材
ISBN 978-7-5170-2785-0

Ⅰ. ①预… Ⅱ. ①康… Ⅲ. ①建筑预算定额－中等专
业学校－教材 Ⅳ. ①TU723.3-62

中国版本图书馆CIP数据核字(2014)第308688号

书　　名	国家中等职业教育改革发展示范校建设系列教材 **预算员实训**
作　　者	主编 康喜梅　副主编 李晓青　徐洲元　王福让
出版发行	中国水利水电出版社 （北京市海淀区玉渊潭南路１号Ｄ座　100038） 网址：www. waterpub. com. cn E - mail：sales@waterpub. com. cn 电话：（010）68367658（发行部）
经　　售	北京科水图书销售中心（零售） 电话：（010）88383994、63202643、68545874 全国各地新华书店和相关出版物销售网点
排　　版	中国水利水电出版社微机排版中心
印　　刷	北京嘉恒彩色印刷有限责任公司
规　　格	184mm×260mm　16开本　11.5印张　273千字
版　　次	2014年12月第1版　2014年12月第1次印刷
印　　数	0001—3000册
定　　价	**26.00元**

甘肃省水利水电学校教材编审委员会

前　言

本书是根据"国家中等职业教育改革发展示范学校建设计划"中创新教育内容的要求编写的。

本书在编写过程中注重理论联系实际，突出综合应用能力的培养，采用全新体例编写，内容充实，结构新颖，案例丰富，具有较强的针对性、实用性和可操作性。特别适用于教、学、做一体化的教学，对读者职业技能培养有独到的指导作用。

编者希望本教材在中等职业教育水利类专业的教学中能激发学生的学习兴趣，提高学生的学习积极性和主动性，树立正确的专业思想。本书在工作实际中也具有较高的参考价值。

本书内容包括知识准备、实训项目两大部分。既有理论知识，又有大量的实例和常用格式，内容通俗易懂。本书以水利部2002年颁布的《水利建筑工程概算定额》《水利施工机械台时费定额》《水利水电设备安装工程概算定额》《水利工程概（估）算编制规定》、2007年颁布的《水利水电工程工程量计价规范》、建设部制定的《全国统一建筑工程预算工程量计算规则》（GJDGZ—101—1995）为基础，以水利水电工程为对象，使读者学习后基本能掌握预算员所需基本知识与技能。

本书由甘肃省水利水电学校教师康喜梅任主编；由甘肃省水利水电学校教师李晓青、徐洲元，中国水利水电第四工程局王福让任副主编。具体编写分工：康喜梅、王福让（学习项目一、学习项目二单元2）；康喜梅（学习项目二单元1、3、4、5、8、10；学习项目三单元1、2、3、4、6、10）；徐洲元、王福让（学习项目二单元7；学习项目三单元7）；李晓青（学习项目二单元6、9，学习项目三单元5、8、9）。全书由康喜梅统稿，由专业带头人徐洲元审定。教材编写过程中得到了中国水利水电第四工程局高级工程师李贵兴、中国水利水电第二工程局高工杨金龙、中国水利水电第四工程局高级工程师闫有江、中国水利水电第四工程局高级工程师王贤、中国水利水电第十一工程局高级工程师李晗、甘肃省水利水电勘测设计院高级工程师王振强、西北水电勘测设计院高级工程师韩瑞及甘肃省水利水电学校水工系各位老师的大力支持，在此深表感谢。本书在编写过程中参考和引用了许多专业书籍的论述，除部分已经列出外，其余未能一一注明，特此一并致谢。

因编者水平有限，加之时间仓促，难免存在缺点和错误，恳请读者批评指正。

编者

2014 年 10 月

目　录

学习项目一 概　　述

学习单元一　实　训　目　的

通过学习，使学生在工程量计算的基础上，掌握定额的使用，练习项目概算编制的程序、步骤及各环节的具体内容，熟悉概算文件的组成，编制概算造价。了解工程结算、决算的编制要求，掌握编制步骤。

一、水利水电工程造价计算种类与程序

（一）工程造价计价方法

目前，国内外预测建筑和安装工程造价的计价方法可分为综合指标法、单价法和实物量法三种。

1. 综合指标法

在工程建设项目建议书阶段和可行性研究阶段，因设计工作深度不足，只能提出概括性的项目，无法确定具体项目的工程量。此时可采用综合指标法对工程造价进行预测。综合指标法所采用的综合指标应由专门机构、专业人员，通过对已建成或在建的工程项目的有关资料进行综合分析得到。综合指标应具有权威性、概括性，并能反映不同行业、不同类型工程项目的特点。

综合指标可分为建设项目综合指标、单项工程指标、单位工程指标。

2. 单价法

单价法是将单位工程划分为若干分部、分项工程。按照工程性质、部位，采用不同定额确定分部、分项工程单位工程量所需的人力、材料、机械耗用量，同时通过一定方法确定人工、材料、机械的价格，求得分部、分项工程单位工程量的直接费用金额。然后，按照规定加上相应有关费用（如其他直接费、间接费、企业利润等）以及税金，求得分部、分项工程的单价（即单位工程量的建筑安装工程费用）。再由单价和分部、分项工程数量，求得分部、分项工程造价，进而求得单位工程的造价。

概括地说，单价法的基本方法是按照定额确定单位工程量的人力、物力消耗量，按消耗量和相应价格及费用定额计算出工程单价，再按工程单价乘以工程量计算得出工程造价。由于此方法多采用套定额计算工程单价，故又称定额法。

单价法适用于设计概（预）算、施工预算等。我国自建国至今，一直沿用单价法进行工程价格预测。日本、德国也采用单价法，但无统一的定额和规定的取费标准。

3. 实物量法

实物量法是一种按照建设项目的实际施工条件和施工规划，依据主要工程费用项目和市场价格编制造价文件的工程计价方法。

实物量法一般把工程造价划分为直接成本（直接费用）、间接成本（间接费）、承包商加价，以及施工准备工程费、设备采购费、技术采购费、保险费、准备金（即预备费，包

括不可预见费和价格变动预备费）和建设期资金成本等若干部分。

实物量法是当前美英等发达国家普遍采用的估价计价方法。这种计价方法针对每一个建设项目"量体裁衣"，能够更好地适应建筑市场的需求，更准确地确定工程造价，提高工程造价管理水平。但采用这种方法进行工程造价预测需要准确掌握市场动态，占有大量翔实的基础资料，还要预先制定科学严密、符合实际的工程施工规划。因此使计价工作量比较大，技术难度比较高。同时，采用单价法要求承担编制工程造价的专业人员不仅具有工程计价方面的经济、财务、法律等方面的知识，而且应是懂工程，熟悉工程施工组织设计的复合型专家，具有较高的素质。

实物量法与单价法的主要区别在于，实物量法按照工程实际具体情况（包括工程本身情况和市场情况），而不是通过套用现有定额确定工程中耗用的劳力、材料、设备和其他费用数量。实物量法改变了单价法采用国内平均先进水平，宏观控制投资的基本观点，而是与工程和市场实际情况以及适合本工程施工的施工企业水平直接挂钩，根据工程施工条件、工程进度、施工方法等编制更切合每个工程具体情况的合理造价。在某种程度上来说，已成为当今国际社会的一种惯例。

（二）工程造价的计算程序

1. 了解工程概况

要熟悉工程设计文件和施工组织设计文件，从而了解工程规模、地形地质、主要水工建筑物的结构型式、场内外交通方式、施工进度及主体工程施工方法等。

2. 调查研究、收集资料

（1）深入现场、实地踏勘，了解工程施工现场布置情况、现场地形、当地建筑材料、料场开采运输条件、场内外交通条件和运输方式等。

（2）了解工程所在地区的劳动力和计划、物质供应、交通运输和供电部门及制造厂家等，搜集编制工程造价的各项基础资料及有关规定，如人工预算单价、材料设备价格、主要材料来源地、运输方式、运杂费计费标准和供电价格等。

3. 编制基础单价

基础单价是编制工程单价所必需的最基本的价格资料，包括人工、材料预算单价，施工用水、电、风预算价格，施工机械台时费以及砂石料单价。

4. 主要工程单价编制

根据基础单价，费率标准和施工组织确定的施工方法，套用现行水利部颁发定额的相应子目计算的三级项目工程单价。

5. 计算工程量

水利工程工程量一般由水工、机电等设计人员提供。如需工程造价人员计算，计算时必须按设计图纸和《水利工程设计工程量计算规定》进行计算并列出相应项目清单。

6. 编制各种概算表和总概算表

设计概算要分别编制建筑工程、机电设备及安装工程、金属结构设备及安装工程、施工临时工程及独立费用概算表和总概算表。

7. 编制说明书及附件

填写封面装订成册。

二、工程造价的含义、特点和作用

工程造价通常是指工程的建造价格，其含义有两种：①从投资者——业主的角度而言，工程造价是指建设一项工程预期开支或实际开支的全部固定资产投资费用。②从市场交易的角度而言，工程造价是指为建成一项工程，预计或实际在土地市场、设备市场、技术劳务市场以及工程承发包市场等交易活动中所形成的建筑安装工程价格和建设工程总价格。

工程造价计价除具有一般商品价格运动的共同特点之外，还具有其自己的特点：

（1）单件性计价。由于建筑产品的多样性，因此不能规定统一的造价，只能就各个建设项目或单项工程，通过特殊的程序（编制估算、概算、预算、合同价、结算价及最后确定的竣工决算价等）计算工程造价。

（2）多次性计价。建设工程的生产过程是一个周期长、数量大的生产消费过程。它要经过可行性研究、设计、施工、竣工验收等多个阶段，并分段进行，逐步接近实际。为了适应工程建设过程中各方经济关系的建立，适应项目管理，适应工程造价控制与管理的要求，需要按照设计和建设阶段多次性计价。

（3）计价过程的组合性。水利水电工程一般分为三级项目，工程造价的计算分部组合而成。一个建设项目是一个工程的综合体，这个综合体可以分解为许多有内在联系的独立和不能独立的工程。建设项目的这种组合性决定了计价的过程是一个逐步组合的过程。

（4）计价方法的多样性。适应多次性计价有各不相同的计价依据。对造价的不同精度要求，造价计价方法有多样性。计算和确定概、预算造价有两种方法，即单价法和实物法。计算和确定投资估算的方法有设备系数法、生产能力指数估算法等。不同的方法利弊不同，适应条件也不同，所以计价时要加以选择。

（5）依据的复杂性。由于影响水利水电工程造价的因素比较多，造价计价依据比较复杂，这就要求熟悉各类依据，并加以正确利用。

工程造价的作用是考核设计方案在技术上的可行性、经济上的合理性，确定基本建设项目总投资，编制年度投资计划，实行投资包干，进行工程招标，筹措工程建设资金，办理投资拨款、贷款，核算建设成本，考核工程造价和投资效果等项内容的主要依据。

学习单元二 实 训 重 点

（1）计算人工预算单价。

（2）计算材料预算价格。

（3）计算施工用风、水、电单价。

（4）计算施工机械台时费。

（5）分析建筑工程单价。

（6）分析安装工程单价。

（7）分析设备费。

（8）计算建筑工程量。

（9）编制工程的各种概算表。

（10）编制总概算。

（11）编写说明。

（12）施工图预算、施工预算、结算与决算。

（13）施工索赔。

学习单元三 实训要求及管理

（1）各人独立完成规定的实训内容。

（2）计算准确，减少误差。

（3）定额、费用取值要选正确。

（4）实训报告要求书写工整、字迹清晰，内容翔实。

（5）表格设计美观，必须按统计表要求，表中数字严禁涂改。

学习单元四 实训进程安排

实训安排见表1-1。

表1-1　　　　　　　　　　　　　实 训 安 排 表

序号	任 务 划 分	具 体 内 容	时间安排	备注
1	人工预算单价	工长、高级工、中级工、初级工	4课时	
2	主要材料预算价格	水泥、钢材、炸药、油料、砂石料	4课时	
3	定额使用	水利施工机械台时费定额 水利建筑工程概算定额 水利水电设备安装工程概算定额	2课时	
4	施工用电、水、风价格 施工机械台时费	施工用电、水、风单价 施工机械台时费	4课时	
5	混凝土、砂浆材料单价	混凝土材料单价 砂浆材料单价	2课时	
6	建筑工程单价	土方开挖单价 土石填筑工程单价 混凝土工程单价	8课时	
7	安装工程单价	机电设备安装单价 金属结构设备安装单价	4课时	
8	设备预算价格	水轮机、桥式起重机	4课时	
9	分部概算	建筑工程概算 机电设备及安装工程概算 金属结构设备及安装工程概算 施工临时工程概算 独立费用概算	4课时	
10	总概算	编制总概算表	2课时	
11	总体概算	概算总表编制	2课时	

学习单元五　实训工具、用具

（1）教材《水利水电工程计量与计价》，康喜梅主编，中国水利水电出版社出版。

（2）水总（2002）116号文中《水利建筑工程概算定额》（上、下）《水利工程设计概（估）算编制规定》《水利水电设备安装工程概算定额》《水利施工机械台时费定额》等。

（3）项目设计基础资料。

（4）建筑工程量计算规则。

学习单元六　实训资料准备

水利工程设计概算编制需准备的资料如下：

（1）国家及省、自治区、直辖市颁发的有关法令、法规、制度、规程。

（2）水利工程设计概（估）算编制规定。

（3）水利建筑工程概算定额、水利水电设备安装工程概算定额、水利工程施工机械台时费定额和有关行业主管部门颁发的定额。

（4）水利工程设计工程量计算规则。

（5）项目初步设计文件及图纸。

（6）有关合同协议书及资金筹措方案。

（7）其他。

学习项目二 知 识 准 备

学习单元一　水利水电工程概预算项目划分及费用构成

一、水利水电基本建设工程项目划分

水利水电基本建设项目，常常是多种性质工程的复杂的综合体，很难像一般基本建设项目严格按单项工程、单位工程、分部工程、分项工程来确切划分项目。因此，根据水利水电工程特点，按照组成内容把一个建设项目划分为若干一级项目，每个一级项目再分为若干二级项目，二级项目再分为若干三级项目，依次从大到小逐级划分。投资估算和设计概算要求划分到三级项目，施工图预算可根据计划统计、成本核算的实际需要进一步划分到四级项目，甚至五级项目。

（一）工程类别划分

水利工程按工程性质划分为两类：①枢纽工程，包括水库、水电站和其他大型的独立建筑物，枢纽工程大多数为多目标开发项目，建筑物种类多，布置集中，施工难度大；②引水及河道工程，包括供水工程、灌溉工程、河湖整治工程、堤防工程，这类工程建筑种类少，布置分散，施工难度小。

（二）工程概算构成

水利工程概算有工程部分、移民和环境部分两部分组成。工程部分项目划分和概算编制按照水利部2002年颁发的水总〔2002〕116号文有关规定执行。移民和环境部分概算编制和划分的各级项目执行《水利工程建设征地移民补偿投资概（估）算编制规定》、《水利工程环境保护设计概（估）算编制规定》和《水土保持工程概（估）算编制规定》。

（三）水利工程工程部分项目划分

水利工程工程部分概算项目划分为五部分。第一部分为建筑工程，第二部分为机电设备及安装工程，第三部分为金属结构设备及安装工程，第四部分为施工临时工程，第五部分为独立费用。根据水利工程性质，其工程项目分别按枢纽工程和引水及河道工程划分，工程各部分下设一、二、三级项目。在二、三级项目中，《水利工程设计概（估）算编制规定》中仅列出了代表性子目，编制概算时，二、三级项目可根据水利工程初步设计编制规程的工作深度要求和工程情况增减或再划分。

二、水利基本建设项目费用的构成

水利基本建设项目费用组成见图2-1：

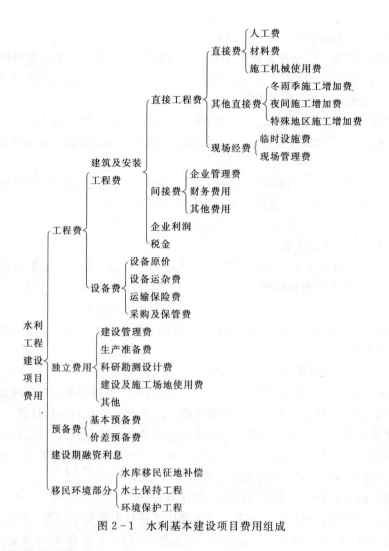

图 2-1　水利基本建设项目费用组成

三、建筑安装工程费

建筑产品的价格由直接成本、间接成本、企业利润、税金组成。因此建筑及安装工程费由直接工程费、间接费、企业利润、税金四项组成。

（一）直接工程费

直接工程费是指建筑安装工程施工过程中直接消耗在工程项目上的活劳动和物化劳动。由直接费、其他直接费、现场经费组成。

1. 直接费

直接费是指建筑安装工程施工过程中直接耗费的用于构成工程实体和有助于工程形成的各项费用。包括人工费、材料费、施工机械使用费。

（1）人工费。人工费是指直接从事建筑安装工程施工的生产工人开支的各项费用，包括基本工资、辅助工资和工资附加费。

1）基本工资：由岗位工资、年功工资及年应工作时间内非作业天数的工资组成。

a. 岗位工资：指按照职工所在岗位各项劳动要素测评结果确定的工资。

b. 年功工资：指按照职工工作年限确定的工资。

c. 年应工作时间内非作业天数的工资：包括职工开会学习、培训期间的工资，调动工作、探亲、休假期间的工资，因气候影响的停工工资，女工哺乳期间的工资，病假在 6 个月以内的工资及产、婚、丧假期的工资。

2）辅助工资：指在基本工资之外以其他形式支付给职工的工资性收入，主要是根据国家有关规定属于工资性质的各种津贴，包括地区津贴、施工津贴、夜餐津贴、节日加班津贴。

3）工资附加费：指按国家规定提取的职工福利基金、工会经费、养老保险费、医疗保险费、工伤保险费、职工失业保险基金和住房公积金。

人工费＝∑定额人工工时数×人工预算单价(元/工时)。

人工预算单价计算公式为：

人工工日预算单价(元/工日)＝基本工资＋辅助工资＋工资附加费

人工工时预算单价(元/工时)＝人工工日预算单价(元/工日)

÷日工作时间(工时/工日)

(2) 材料费。材料费指用于建筑安装工程项目上的消耗性材料费、装置性材料费和周转性材料的摊销费。

材料费＝∑定额材料用量×材料预算价格。

材料预算价格一般包括材料原价、包装费、运杂费、运输保险费和采购及保管费。

1）材料原价：指材料指定交货地点的价格。国产和进口材料分别计算。

2）包装费：指材料在运输和保管过程中的包装费和包装材料的折旧摊销费。

3）运杂费：指材料从指定交货地点运至工地分仓库（或工地堆存场）所发生的全部费用。包括运输费、装卸费、调车费及其他杂费。

4）运输保险费：指材料在运输过程中的保险费。

5）采购及保管费：指材料在采购、供应和保管过程中所发生的各项费用。

材料预算价格＝(材料原价＋包装费＋运杂费)×(1＋采管费率)＋运输保险费

(3) 施工机械使用费。施工机械使用费是指消耗在建筑安装工程项目上的机械磨损、维修和燃料动力费用等。包括折旧费、修理及替换设备费、安装拆卸费、机上人工费和燃料动力费等。

施工机械使用费应根据《水利工程施工机械台时费定额》计算施工机械台时费，然后利用下述公式计算。

施工机械使用费＝∑定额台时数×台时费

2. 其他直接费

其他直接费包括冬雨季施工增加费、夜间施工增加费、特殊地区施工增加费和其他。

(1) 冬雨季施工增加费。冬雨季施工增加费是指冬雨季施工期间为保证工程质量和安全生产所需增加的费用。包括增加施工工序、采取保护措施和工效降低等增加的费用。

具体计算根据不同地区，冬雨季施工增加费＝直接费×百分率。

其中百分率取值：

西南、中南、华东	0.5%~1.0%
华北	1.0%~2.5%
西北、东北	2.5%~4.0%

西南、中南、华东区中，按规定不计冬雨季施工增加费的地区取小值，计算冬雨季施工增加费的地区取大值；华北地区的内蒙古等较严寒地区可取大值，其他地区取中值或小值；西北、东北区中的陕西、甘肃等省取小值，其他地区可取中值或大值。

（2）夜间施工增加费。夜间施工增加费是指施工场地和公用施工道路的照明费用。

$$夜间施工增加费＝直接费×百分率$$

百分率取值，建筑工程为0.5%，安装工程为0.7%。

一班制作业的工程，不计算此项费用。地下工程照明费已计入定额内；照明线路工程费用包括在"临时设施费"中；施工辅助企业系统、加工厂、车间的照明，列入相应的产品成本中；均不包括在此项费用中。

（3）特殊地区施工增加费。特殊地区施工增加费是指在高海拔和原始森林等特殊地区施工而增加的费用。其中高海拔地区的高程增加费，按规定直接计入定额；其他特殊增加费，应按工程所在地区规定的标准计算，地方没有规定的不得计算此项费用。

（4）其他。包括施工工具用具使用费、检查试验费、工程定位复测、工程点交、竣工场地清理、工程项目及设备、仪器、仪表移交生产前的维护观察费等。

$$其他费用＝直接费×百分率$$

百分率取值，建筑工程为1.0%，安装工程为1.5%。

3. 现场经费

现场经费包括临时设施费和现场管理费。

（1）临时设施费。临时设施费是指施工企业为进行建筑安装工程施工所必需的但又未被划入施工临时工程的小型临时建筑物、构筑物和各种临时设施的建设、维修、拆除等工作的摊销费用。

（2）现场管理费

1）现场管理人员的工资和劳动保护费。

2）办公费、差旅交通费。如现场办公用具、集体取暖用燃料、会议、水、电，现场职工因公出差期间的差旅费、误餐补助费，职工探亲路费，工地转移费以及现场职工使用的交通工具、养路费及牌照费等。

3）固定资产、工具用具使用费。现场使用的固定资产的折旧、大修理、维修费或租赁费，现场使用的不属于固定资产的工具、器具、家具、交通工具和检验、试验、测绘、消防用具等的购置、维修和摊销费。

4）保险费、其他费用，是指施工管理用财产、车辆保险，高空、井下、洞内、水下、水上作业等特殊工种安全保险等。

$$现场经费＝计算基础×现场经费费率$$

根据工程性质不同，按枢纽工程、引水及河道工程采用不同的费率标准。对于施工条件复杂、大型建筑物较多的引水工程可执行枢纽工程的费率标准。计算基础和费率标准见

表 2-1。

表 2-1　　　　　　枢纽工程、引水及河道工程现场经费费率表

工程性质	序号	工程类别	计算基础	现场经费费率/%		
				临时设施费	现场管理费	合计
枢纽工程	一	建筑工程				
	1	土石方工程	直接费	4	5	9
	2	砂石备料工程（自采）	直接费	0.5	1.5	2
	3	模板工程	直接费	4	4	8
	4	混凝土浇筑工程	直接费	4	4	8
	5	钻孔灌浆及锚固工程	直接费	3	4	7
	6	其他工程	直接费	3	4	7
	二	机电、金属结构设备安装工程	人工费	20	25	45
引水及河道工程	一	建筑工程				
	1	土方工程	直接费	2	2	4
	2	石方工程	直接费	2	4	6
	3	模板工程	直接费	3	3	6
	4	混凝土浇筑工程	直接费	3	3	6
	5	钻孔灌浆及锚固工程	直接费	3	4	7
	6	疏浚工程	直接费	2	3	5
	7	其他工程	直接费	2	3	5
	二	机电、金属结构设备安装工程	人工费	20	25	45

注　引水及河道工程若自采砂石料，则标准同枢纽工程。

（二）间接费

间接费是指施工企业为建筑安装工程施工而进行组织与经营管理所发生的各项费用。是构成建筑产品成本，但又不直接消耗在工程项目上的有关费用，由企业管理费、财务费用和其他费用组成。

间接费＝计算基础×间接费率

根据工程性质不同，间接费按枢纽工程和引水及河道工程采用不同费率标准。对于有些施工条件复杂、大型建筑物较多的引水工程可执行枢纽工程的费率标准。间接费费率标准见表 2-2。

（三）企业利润

企业利润是指按规定应计入建筑安装工程费用中的利润。利润率不分建筑和安装工程，均按 7％计。

企业利润＝（直接工程费＋间接费）×利润率

（四）税金

税金是指国家对施工企业承担建筑、安装工程作业收入所征收的营业税、城市维护建设税和教育费附加。

表 2-2　　　　　　　　　枢纽工程、引水及河道工程间接费费率表

工程性质	序号	工程类别	计算基础	间接费费率/%
枢纽工程	一	建筑工程		
	1	土石方工程	直接工程费	9 (8)
	2	砂石备料工程（自采）	直接工程费	6
	3	模板工程	直接工程费	6
	4	混凝土浇筑工程	直接工程费	5
	5	钻孔灌浆及锚固工程	直接工程费	7
	6	其他工程	直接工程费	7
	二	机电、金属结构设备安装工程	人工费	50
引水及河道工程	一	建筑工程		
	1	土方工程	直接工程费	4
	2	石方工程	直接工程费	6
	3	模板工程	直接工程费	6
	4	混凝土浇筑工程	直接工程费	4
	5	钻孔灌浆及锚固工程	直接工程费	7
	6	疏浚工程	直接工程费	5
	7	其他工程	直接工程费	5
	二	机电、金属结构设备安装工程	人工费	50

注　1. 若土石方填筑等工程项目所利用原料为已计取现场经费、间接费、企业利润和税金的砂石料，则其间接费率取括号内的数据。
　　2. 引水及河道工程若自采砂石料，则标准同枢纽工程。

在编制概（估）算投资时，用下列公式和税率计算：

税金＝（直接工程费＋间接费＋企业利润）×税率

式中税率标准为：建设项目在市、县　　　　3.41%

建设项目在乡、镇　　　　3.35%

建设项目在市、县、乡之外　3.22%

（五）材料调差价

材料调差价是指工程项目中有限价材料，其实际价格超过限价的材料产生的材料费。此材料费应分为两部分。一部分用定额材料用量乘以材料限价，计入该项材料费中；另一部分只计税金，不计其他费，作为材料调差价列入税金之后，作为第五项。材料调差价的计算公式为：

材料调差价＝定额材料用量×（实际价－限价）×（1＋税率）

四、设备费

设备费包括设备原价、运杂费、运输保险费和采购及保管费。

（一）设备原价

1. 国产设备

以出厂价为原价，非定型和非标准产品，采用与厂家签订的合同价格或询价。大型机

组拆卸分装运至工地后的拼装费用，应包括在设备原价中。可行性研究和初步设计阶段，非定型和非标准产品，一般不可能与厂家签订价格合同，设计单位可按向厂家索取的报价资料和当年的价格水平，经认真分析论证后，确定设备原价。

2. 进口设备

以到岸价和进口征收的税金、手续费、商检费及港口费等各项费用之和为原价。到岸价采用与厂家签订的合同价或询价计算，税金和手续费等按规定计算。

（二）运杂费

运杂费是指设备由厂家运至工地安装现场所发生的一切运杂费用。主要包括运输费、装卸费、调车费、包装绑扎费、大型变压器充氮费以及其他可能发生的杂费。设备运杂费分主要设备运杂费和其他设备运杂费。

$$设备运杂费 = 设备原价 \times 运杂费率$$

（三）运输保险费

运输保险费是指设备在运输过程中的保险费用。

$$设备运输保险费 = 设备原价 \times 运输保险费率$$

进口设备的运输保险费按有关规定计算。

（四）采购及保管费

采购及保管费是指建设单位和施工企业在负责设备的采购、保管过程中发生的各项费用。

$$采购及保管费 = (设备原价 + 运杂费) \times 0.7\%$$
$$设备费 = 设备数量 \times 设备预算价格$$
$$设备预算价格 = 设备原价 + 运杂费 + 运输保险费 + 采购及保管费$$

在编制设备安装工程概预算时，一般将设备运杂费、运输保险费和采购及保管费合并，统称为设备运杂综合费。

$$设备预算价格 = 设备原价 \times (1 + 运杂综合费率) = 设备原价 \times (1 + K)$$

其中：

$$运杂综合费率 K = 运杂费率 + (1 + 运杂费率) \times 采购及保管费率 + 运输保险费率$$

五、独立费用

独立费用由建设管理费、生产准备费、科研勘测试验费、建设及施工场地征用费和其他共五项组成。

（一）建设管理费

建设管理费是指建设单位在工程项目筹建和建设期间进行管理工作所需的费用。包括项目建设管理费、工程建设监理费和联合试运转费。

（二）生产准备费

生产准备费是指水利建设项目的生产、管理单位为准备正常的生产运行或管理所发生的费用。包括生产和管理单位提前进场费、生产职工培训费、管理用具购置费、备品备件购置费和工器具及生产家具购置费。

（三）科研勘测试验费

科研勘测试验费是指为工程建设所需的科研试验、勘测和设计等费用，包括工程科学研究试验费和工程勘测设计费。

（四）建设及施工场地征用费

建设及施工场地征用费是指根据设计确定的永久及临时性工程征地和管理单位用地所发生的征地补偿费用，征地时应交纳的耕地占用税等。主要包括征用场地上的林木、作物的补偿、建筑物的迁建及居民迁移费等。具体编制办法和计算标准参照移民和环境部分概算编制规定。

（五）其他

其他主要包括定额编制管理费、工程质量监督费、工程保险费、其他税费。

独立费用的计算应根据水总（2002）116号文要求计算。

六、预备费、建设期融资利息、静态投资和动态总投资

（一）预备费

预备费包括基本预备费和价差预备费两项。

1. 基本预备费

基本预备费主要是为解决在工程施工过程中，经上级主管部门批准的设计变更和国家政策性变动增加的投资及为解决意外事故而采取的措施所增加的工程项目和费用。根据工程规模、施工年限和地质条件等不同情况，按工程概（估）算第一至第五部分投资合计数的百分率计算。

按水利部现行规定，项目建议书阶段投资估算时取费标准为15％～18％；可行性研究阶段取10％～12％；初步设计阶段设计概算取5.0％～8.0％。

2. 价差预备费

价差预备费主要是为解决在工程建设过程中，因人工工资、材料和设备价格上涨以及费用标准调整而增加的投资。计算时，根据施工年限，不分设计阶段，以资金流量表或分年度投资表中的静态投资为计算基础，按国家计委根据物价变动趋势，适时调整和发布的年物价指数计算。计算公式：

$$E = \sum_{n=1}^{N} F_n \left[(1+P)^n - 1 \right]$$

式中　E——价差预备费；

　　　N——合理建设工期；

　　　n——施工年度；

　　　F_n——建设期第n年的分年度投资（小型工程）或第n年的资金流量；

　　　P——年物价指数。

具体计算时，可分别计算E_1、E_2、…、E_N，然后累加即得E

$$E_1 = F_1 \left[(1+P)^1 - 1 \right]$$

$$E_2 = F_2 \left[(1+P)^2 - 1 \right]$$

$$\cdots$$

$$E_N = F_N \left[(1+P)^N - 1 \right]$$

（二）建设期融资利息

根据国家财政金融政策规定，工程在建设期内需偿还并应计入工程总投资的融资

利息。

计算公式为：

$$S = \sum_{n=1}^{N}\left[\left(\sum_{m=1}^{n}F_m b_m - \frac{1}{2}F_n b_n\right) + \sum_{m=0}^{n}S_m\right] \times i$$

式中　S——建设期融资利息；

　　　N——合理建设工期；

　　　n——施工年度；

　　　m——还息年度；

F_n、F_m——在建设期第 n、m 年的分年度投资（小型工程）在建设期资金流量表内的第 n、m 年的投资；

b_n、b_m——各施工年份融资额占当年投资比例；

　　　i——建设期融资利率；

　　　S_m——第 m 年的付息额度。

具体计算时，可用复利公式：

$$当年应计利息额 = \left(年初贷款本息累计 + \frac{1}{2}当年贷款额\right) \times 年利率$$

由此可得：
$$S_1 = \frac{1}{2}F_1 b_1 \times i$$

$$S_2 = \left(F_1 b_1 + S_1 + \frac{1}{2}F_2 b_2\right) \times i$$

$$S_3 = \left(F_1 b_1 + S_1 + F_2 b_2 + S_2 + \frac{1}{2}F_3 b_3\right) \times i$$

$$\cdots$$

依次类推，$S = S_1 + S_2 + S_3 + \cdots + S_N$

（三）静态投资和动态总投资

1. 静态投资

工程建设项目费用的建筑工程、机电设备及安装工程、金属结构设备及安装工程、施工临时工程、独立费用和基本预备费之和构成静态投资。

2. 动态总投资

建筑工程、机电设备及安装工程、金属结构设备及安装工程、施工临时工程、独立费用、基本预备费、价差预备费、建设期融资利息之和为动态总投资。即静态投资、价差预备费和建设期融资利息之和。

学习单元二　工程定额的认识和使用

一、定额的定义

定额的概念：定，就是规定；额，就是额度。从广义上来说，定额是以一定标准规定的额度或限度，即标准或尺度。

工程建设定额是指在一定的技术组织条件下，预先规定消耗在单位合格产品上的人工、材料、机械、资金和工期的标准额度。定额是由国家、地方、部门和企业颁发的，是企业管理科学化的产物。

二、定额的表现形式

定额一般有实物量形式、价目表形式、百分率形式和综合形式四种表现形式。

（一）实物量形式

实物量形式是以完成单位工程工作量所消耗的人工、材料、机械台班时的数量表示的定额。如水利部颁布（2002年）《水利建筑工程概算定额》（以下简称概算定额）、《水利建筑工程预算定额》（以下简称预算定额）、《水利水电设备安装工程预算定额》（以下简称安装工程预算定额）等。这种定额使用时要用工程所在地编制年的价格水平计算工程单价，它不受物价上涨因素的影响，使用时间长。实物量式定额表式见附表一。

（二）价目表形式

价目表形式是以编制年（部颁布的以北京，省部颁布的以省会所在地）的价格水平给出完成单位产品的价格。该定额使用比较简便，但必须进行调整，很难适应工程建设动态发展的需要，已逐步被实物量定额所取代。

（三）百分率形式

百分率形式是以某取费基础的百分率表示的定额。如《水利工程设计概（估）算编制规定》中现场经费费率和间接费费率定额。

三、定额的使用

（一）定额的使用方法

水利工程建设中现行的各种定额一般由总说明、分册分章说明、目录、定额表和有关附录组成。其中定额表是各种定额的主要组成部分。

定额是编制水利工程造价的重要依据，因此，设计单位和施工企业的工程造价人员都必须熟练准确地使用定额。为此，必须做到以下几点：

（1）要认真阅读定额的总说明和分章说明。对说明中指出的定额适用范围、包含的工作内容和费用、有关调整系数以及定额的使用方法等，均应通晓和熟悉。

（2）要了解定额项目的工作内容。能根据工程部位、施工方法、施工机械和其他施工条件正确地选用定额项目，做到不错项、不漏项、不重项。

（3）要学会使用定额的各种附录。例如，土壤和岩石分级、砂浆与混凝土配合比、模板立模系数、安装工程装置性材料用量等。

（4）要注意定额修正的各种换算关系。当施工条件与定额项目规定条件不符时，应按定额说明和定额表下的"注"中有关规定换算修正。各种系数换算，除特殊注明者外，一般均按连乘计算。使用时还要区分修正系数是全面修正还是只乘在人工工时、材料消耗和机械台时的某一项或几项上。

（5）要注意定额单位与定额中数字表示的适应范围。概预算项目的计量单位要和定额项目的计量单位一致。要注意区分土石方工程的自然方和压实方；砂石备料工程中的成品方、自然方与堆方；砌石工程中的砌体方与码方；混凝土的拌和方与实体方等。定额中凡数字后用"以上""以外"表示的都不包括数字本身；凡数字后用"以下""以内"表示的都包括数字本身。凡用数字上下限表示的，如1000～2000，相当于1000以上至2000以下。

下面通过几个实例说明各种定额的使用。

（二）定额的使用

1. 预算定额的使用

预算定额由土方工程、石方工程、砌石工程、混凝土工程、模板工程、砂石备料工程、钻孔灌浆及锚固工程、疏浚工程、其他工程及附录组成。共计10个单元、349节、4284个子目。本定额总说明共15条，各章都有相应的说明。

【案例2-1】 某渠道工程，采用浆砌石平面护坡，设计砂浆强度等级为M10，砌石等材料就近堆放，求每立方米浆砌石所需人工、材料预算用量。

解：（1）选用定额。

查《水利建筑工程预算定额》（见附表十三）平面护坡浆砌石，定额编号30017，每100m³砌体需消耗人工合计838.7工时，块石108m³（码方），砂浆35.3m³。由于砌石工程定额已综合包含了拌浆、勾缝和20m以内运料用工，故不需另计其他用工。

（2）确定砂浆材料预算用量。

根据设计砂浆强度等级M10，查附表十七，水泥砂浆材料预算量：水泥305kg，砂1.10m³，水0.183m³。

（3）计算每立方米浆砌石所需人工、材料用量。

人工：838.7÷100＝8.39（工时）

块石（码方）：108÷100＝1.08（m³）

水泥：305×35.3÷100＝107.67（kg）

砂：1.10×35.3÷100＝0.388（m³）

水：0.183×35.3÷100＝0.065（m³）

2. 概算定额的应用

概算定额由土方开挖工程、石方开挖工程、土石填筑工程、混凝土工程、模板工程、砂石备料工程、钻孔灌浆及锚固工程、疏浚工程、其他工程及附录组成。共计10个单元、317节、4656个子目。本定额总说明共15条，各章都有相应的说明。

【案例2-2】 某灌溉明渠的底板、边坡的混凝土衬砌工程，混凝土强度等级C15，二级级配，衬砌厚150mm，混凝土采用0.4m³搅拌机拌制，胶轮车运输100m，求混凝土衬砌所需人工、材料和机械台时概算耗用量。

解：（1）根据渠道混凝土衬砌厚度（150mm）查《概算定额》见附表七，定额编号为40060，每100m³混凝土浇筑消耗人工、材料和机械等如下。

1）人工。工长34.1工时，高级工56.9工时，中级工454.8工时，初级工591.2工时。

2）材料。混凝土137m³，水244m³，其他材料费1%。

3）机械。1.1kW振动器61.45台时，风水枪61.45台时，其他机械费11%。

混凝土拌制137m³，根据施工方法和机械类型，查《概算定额》见附表九，定额编号为40171，每100m³混凝土拌制消耗人工、机械如下：

1）人工。中级工 126.2 工时，初级工 167.2 工时，零星材料费 2%。

2）机械。0.4m³ 搅拌机 18.90 台时，胶轮车 87.15 台时。

混凝土运输 137m³，根据运输方法和运距、运输机械类型，查《概算定额》（见附表十）定额编号为 40181，每 100m³ 混凝土运输消耗人工、机械如下：

1）人工。初级工 102.6 工时，零星材料费 6%。

2）机械。胶轮车 78.75 台时。

（2）确定混凝土强度等级 C15。

根据设计混凝土强度及级配，查《概算定额》见附录七，表 7−7 纯混凝土材料配合比及材料用量，每立方米混凝土 C15 主要材料预算用量为：矿渣（或普通）32.5 水泥 242kg，粗砂 0.52m³，卵石 0.81m³，水 150kg。并根据工程所在地的材料预算价格即可计算混凝土 C15 的材料价格。

（3）综合计算每立方米混凝土衬砌工程直接费。

将各工种的人工预算单价、混凝土材料价格及其他材料价格、机械台时费及计算混凝土拌制和运输的直接费，分别代入浇筑定额 40060 子目计算出混凝土衬砌工程综合直接费。

3. 安装工程概预算定额的应用

现行水利部水建管（1999）523 号颁发的《水利水电设备安装工程预算定额》、《水利水电设备安装工程概算定额》主要是以实物量形式表示的，在《概算定额》中有按安装费率定额形式表示的，其使用方法与建筑工程相同。

安装工程预算定额由水轮机、调速系统、水轮发电机、大型水泵、进水阀、辅助设备、电气设备、变电站、通信、起重设备、闸门、压力钢管制作及安装等项定额及附录组成。共计 15 个单元，76 节、1117 个子目。

安装工程概算定额由水轮机、水轮发电机、大型水泵、进水阀、辅助设备、电气、变电站、通信、起重设备、闸门安装、压力钢管制作及安装等项定额及附录组成。共计 12 个单元，68 节、659 个子目。

根据安装设备种类、规格，查相应定额项目表中子目，确定完成该设备安装所需人工、材料与施工机械台时耗用量，供编制设备安装工程单价使用。

学习单元三　基　础　单　价

一、人工预算单价

（一）人工预算单价的组成

人工预算单价是由基本工资、辅助工资、工资附加费组成。

1. 基本工资

基本工资是由岗位工资、年功工资以及年应工作天数内非作业天数的工资组成。

2. 辅助工资

辅助工资指在基本工资之外，以其他形式支付给职工的工资性收入，指根据国家有关规定属于工资性质的各种津贴，主要包括地区津贴、施工津贴、夜班津贴、节日加班津贴等。

3. 工资附加费

工资附加费指按国家规定提取的职工福利基金、工会经费、养老保险费、医疗保险费、工伤保险费、职工失业保险基金和住房公积金。

（二）人工预算单价计算

1. 基本工资

基本工资(元/工日)＝基本工资标准(元/月)×地区工资系数×12月÷年应工作天数×1.068

2. 辅助工资

(1) 地区津贴(元/工日)＝津贴标准(元/月)×12月÷年应工作天数×1.068

(2) 施工津贴(元/工日)＝津贴标准(元/天)×365天×95%÷年应工作天数×1.068

(3) 夜餐津贴(元/工日)＝(中班津贴标准＋夜班津贴标准)÷2×(20%或30%)

(4) 节日加班津贴(元/工日)＝基本工资(元/工日)×3×10÷年应工作天数×35%

3. 工资附加费

(1) 职工福利基金(元/工日)＝[基本工资(元/工日)＋辅助工资(元/工日)]×费率(%)

(2) 工会经费(元/工日)＝[基本工资(元/工日)＋辅助工资(元/工日)]×费率标准(%)

(3) 养老保险费(元/工日)＝[基本工资(元/工日)＋辅助工资(元/工日)]×费率(%)

(4) 医疗保险费(元/工日)＝[基本工资(元/工日)＋辅助工资(元/工日)]×费率(%)

(5) 工伤保险费(元/工日)＝[基本工资(元/工日)＋辅助工资(元/工日)]×费率(%)

(6) 职工失业保险基金(元/工日)＝[基本工资(元/工日)＋辅助工资(元/工日)]×费率标准(%)

(7) 住房公积金(元/工日)＝[基本工资(元/工日)＋辅助工资(元/工日)]×费率(%)

4. 人工工日预算单价

人工工日预算单价(元/工日)＝基本工资＋辅助工资＋工资附加费

5. 人工工时预算单价

人工工时预算单价(元/工时)＝人工工日预算单价(元/工日)÷日工作时间(工时/工日)

注：①1.068为年应工作天数内非工作天数的工资系数；②年应工作天数251天；③基本工资标准、地区工资系数、地区津贴标准、施工津贴标准、夜餐津贴标准、工资附加费费率标准见《水利工程设计概（估）算编制规定》。

二、材料预算价格

（一）水利水电工程中的主要材料和次要材料

水利水电建筑安装工程中所用材料品种繁多、数量大，其来源地、供应和运输也多种多样。在编制材料的预算价格时没必要也不可能逐一详细计算，而是将施工中对工程投资有较大影响的一部分材料作为主要材料，如水泥、钢材、砂石料、火工产品、油料、木材等，其他材料为次要材料，次要材料一般品种繁多，其费用在投资中所占比例小，对工程造价影响小，用简化的方法进行计算。

（二）主要材料预算价格的组成和计算

1．主要材料预算价格的组成

主要材料预算价格一般包括：① 材料原价；② 包装费；③ 运杂费；④ 运输保险费；⑤ 采购及保管费。其中材料的包装费并不是对每种材料都可能发生。例如，散装材料不存在包装费；有的材料包装费已计入出厂价。

2．主要材料预算价格的计算

材料预算价格＝（材料原价＋包装费＋运杂费）×（1＋采购及保管费率）＋运输保险费

（1）材料原价。材料原价也称材料市场价或交货价格，是计算材料预算价格的基础值。

（2）包装费。包装费是指为便于材料的运输或为保护材料而进行包装所发生的费用。

（3）材料运杂费。材料运杂费是指材料由产地或交货地点运往工地分仓库或相当于工地分仓库（材料堆放场）所发生的全部费用，包括各种运输费、装卸费、调车费及其他费用。在编制材料预算价格时，应按施工组织设计中所选定的材料来源和运输方式、运输工具、运输距离以及厂家和交通部门规定的取费标准，计算材料的运杂费。

（4）材料运输保险费。材料运输保险费是指向保险公司交纳的货物保险费用，按工程所在地或中国人民保险公司有关规定计算。

材料运输保险费＝材料原价×材料运输保险费率

（5）材料采购保管费。材料采购保管费是指建设单位和施工单位的材料供应部门在组织材料采购、运输保管和供应过程中所需的各项费用。

材料采购保管费＝（材料原价＋包装费＋运杂费）×采购及保管费率

材料采购及保管费率现行规定为3%。

3．次要材料预算价格计算

参考工程所在的工业与民用建筑安装工程材料预算价格或价格信息。

4．材料调差价

为了避免材料市场价格起伏变化造成间接费、利润相应的变化，使工程造价能反映材料供应现状实际价格水平，在确定材料原价时应在国家规定"最高限额"和市场价格之间合理确定，当材料实际价格超出"规定限额"时，其余额以材料调差价形式计入税金后列入建安工程费。

材料调差价＝定额材料消耗量×（实际价－材料限价）×（1＋税率）

三、施工用电、水、风价格

在水利水电工程施工中，风、水、电的耗用量很大，其价格直接影响到施工机械台时费和工程单价的高低，从而影响到工程造价。因此，在编制施工中风、水、电预算价格时，需要根据施工组织设计中确定的风、水、电的布置形式、供应方式、设备配置情况或施工企业的实际资料计算。

（一）施工用电价格

水利水电工程施工用电包括外购电和自发电两部分。

施工用电的价格由基本电价、电能损耗摊销费和供电设施维修摊销费三部分组成。电价计算公式为：

1. 外购电价格

$$电网供电价格=\frac{基本电价}{(1-高压输电线路损耗率)\times(1-35kV以下变配电设备及配电线路损耗率)}+供电设施维修摊销费(变配电设备除外)$$

2. 柴油发电机供电价格

(1) 自设水泵供冷却水,电价计算公式为:

$$电价=\frac{柴油发电机组(台)时总费用+水泵组(台)时总费用}{柴油发电机组额定总容量之和\times K\times(1-厂用电率)\times(1-变配电设备及配电线路损耗率)}+供电设施维修摊销费$$

(2) 柴油发电机供电如果采用循环冷却水,电价计算公式为:

$$电价=\frac{柴油发电机组(台)时总费用}{柴油发电机组额定总容量之和\times K\times(1-厂用电率)\times(1-变配电设备及配电线路损耗率)}+供电设施维修摊销费+单位循环冷却水费$$

式中　　　　　　　K——发电机出力系数,一般取 $0.80\sim0.85$;

厂用电率——$4\%\sim6\%$;

高压输电线路损耗率——$4\%\sim6\%$;

变配电设备及配电线路损耗率——$5\%\sim8\%$;

供电设施维修摊销费——$0.02\sim0.03$ 元/(kW·h);

单位循环冷却水费——$0.03\sim0.05$ 元/(kW·h)。

(二) 水价的计算

水利水电工程施工用水分生产用水和生活用水两部分。施工用水价格由基本水价、供水损耗摊销费和供水设施维修摊销费用组成,根据施工组织设计所配置的供水系统设备组(台)时总费用和组(台)时总有效供水量计算,计算公式为:

$$施工用水价格=\frac{水泵组(台)时总费用}{水泵额定容量之和\times K\times(1-供水损耗率)}+供水设施维修摊销费$$

式中　　　　　　　K——能量利用系数,取 $0.75\sim0.85$;

供水损耗率——$8\%\sim12\%$;

供水设施维修摊销费——$0.02\sim0.03$ 元/m³。

(三) 风价计算

在水利工程施工中,施工用风主要用于石方爆破钻孔、混凝土浇筑、基础处理、金属结构、机电设备安装工程等风动机械所需的压缩空气。

施工用风可由移动式空压机或固定式空压机供给。施工用风价格的组成和电价相似,由基本风价、供风损耗摊消费、供风设施维修摊消费组成。计算公式为:

1. 水泵供冷却水

$$施工用风价格=\frac{空气压缩机组(台)时总费用+水泵组(台)时总费用}{空气压缩机额定容量之和\times 60min\times K\times(1-供风损耗率)}+供风设施维修摊销费$$

2. 空气压缩机系统如采用循环冷却水

$$施工用风价格=\frac{空气压缩机组(台)时总费用}{空气压缩机额定容量之和\times 60min\times K\times(1-供风损耗率)}$$

＋供风设施维修摊销费＋单位循环冷却水费

式中　　　　　　　K——能量利用系数，取 0.70～0.85；

供风损耗率取——8%～12%；

单位循环冷却水费——0.005 元/m^3；

供风设施维修摊销费——0.002～0.003 元/m^3。

四、施工机械台时费

（一）施工机械台时费组成

施工机械台时费由一类费用和二类费用两部分组成。

一类费用在施工机械台班费定额中用金额表示，其大小主要取决于机械的价格和年工作制度，其金额数量是按 2000 年物价水平确定的。一类费用由折旧费、修理及替换设备费（含大修理费、经常性修理费）、安装拆卸费组成。

二类费用在施工机械台班费定额中以实物量式表示，是指机上人工费和机械所消耗的燃料费、动力费，其数量定额一般不允许调整，但是因工程做在地的人工预算价、材料市场价格各异，所以此项费用一般随工程地点不同而变化，曾称可变费用。

（二）施工机械台时费计算

基础单价当中的施工机械使用费应当根据前述《水利工程施工机械台时费定额》（2002）及有关规定计算。

一类费用：定额以金额（K）表示价格（水平年为 2000 年），使用时用定额费用乘以造价部门规定的调整系数 $(1+P)^n$，其中 P 为年平均物价指数

$$一类费用 = K \times (1+P)^n$$

二类费用：定额以消耗量表示

台时机上人工费＝定额机上人工消耗量×人工预算单价

台时燃料动力费＝定额燃料动力消耗量×燃料动力预算价格

五、混凝土和砂浆材料单价

混凝土及砂浆材料单价指拌制每立方米混凝土、砂浆所需要的水泥、砂、石、水、掺合料及外加剂等各种材料的费用之和。

混凝土材料单价不包括拌制、运输、浇筑等工序的人工、材料和机械费用，也不包括搅拌损耗外的施工操作损耗及超填量损耗。

学习单元四　建筑安装工程单价

一、建筑工程单价

建筑工程单价是完成单位工程量（1m^3、100m^3、1t、100m 等）所耗用的直接费、其他直接费、现场经费、间接费、利润和税金等费用的总和。

建筑工程单价按水利部颁《水利建筑工程概算定额》（2002 年）分为土方开挖、石方开挖、土石填筑、混凝土、模板、砂石备料、钻孔灌浆及锚固、疏浚及其他工程单价。

（一）建筑工程单价计算程序

建筑工程单价计算程序见表2-3。

表2-3　　　　　　　　　　建筑工程单价计算程序表

序　号	项　目	计　算　公　式
一	直接工程费	1＋2＋3
1	直接费	(1)＋(2)＋(3)
(1)	人工费	∑定额人工工时量×人工预算单价
(2)	材料费	∑定额材料用量×材料预算价格
(3)	机械费	∑定额机械台时用量×机械台时费
2	其他直接费	1×其他直接费率
3	现场经费	1×现场经费费率
二	间接费	一×间接费率
三	利润	(一＋二)×利润率
四	税金	(一＋二＋三)×税率
	合计	一＋二＋三＋四

（二）建筑工程单价编制方法

（1）按水利部水总（〔2002〕116号文）《水利工程设计概（估）算编制规定及费用标准》确定工程项目子目，查出其他直接费率、现场经费费率、间接费率、利润率和税率。

（2）根据施工组织设计确定的施工方法、工程部位、施工条件等套用定额，查找定额编号、单位、工作内容等分别填入计算程序表中相应栏内。

（3）将定额中的人工、材料、机械等消耗量，以及相应的人工预算单价、材料预算价格、施工机械单价分别填入表中各栏。

（4）按"基础单价×定额消耗量"计算出人工费、材料费、机械费，相加得出直接费。

（5）按照表2-3建筑工程计算程序计算其他直接费、现场经费、间接费、利润和税金，汇总得出各类工程单价。

（6）如材料有价差时，超过规定价部分应计取税金。

（三）建筑工程单价编制注意事项

（1）编制工程单价时，工程项目及单位应与定额项目、单位一致，项目子目不得重复或漏项，便于套用定额计价。

（2）水利部颁（2002年）《水利建筑工程概算定额》（以后简称《概算定额》）中缺项的工程项目，可参考地方补充定额或参考相近专业的定额补充。

（3）查定额参数（建筑物尺寸、运距等）时，如介于定额两子目之间，可用内插法计算。

（4）使用《概算定额》时，土方填筑内容包括在《水利建筑工程概算定额》第三章土石方填筑工程中；而《水利建筑工程预算定额》，土方填筑内容包括在该定额第一章土方工程中。

二、安装工程单价

（一）安装工程单价内容的组成

安装工程单价由直接工程费、间接费、企业利润、税金四部分组成。

（二）安装工程概算单价计算方法

1. 以实物量形式表现的定额

以实物量形式表现的定额，其安装工程单价的计算与前述建筑工程单价计算方法和步骤基本相同，其安装工程单价的计算方法及程序见表2-4。

表2-4　　　　　　　　　　　　实物量形式安装工程单价计算程序表

序　号	费用名称	计　算　方　法
一	直接工程费	（一）+（二）+（三）
（一）	直接费	（1）+（2）+（3）
（1）	人工费	∑定额劳动量（工时）×人工预算单价（元/工时）
（2）	材料费	∑定额材料用量×材料预算价格
（3）	机械使用费	∑定额机械使用量（台时）×定额台时费（元/台时）
（二）	其他直接费	（一）×其他直接费率（%）
（三）	现场经费	（1）×现场经费费率（%）
二	间接费	（1）×间接费率（%）
三	企业利润	（一+二）×企业利润率（%）
四	未计价装置性材料费	∑未计价装置性材料用量×材料预算价格
五	税金	（一+二+三+四）×税率（%）
	安装工程单价合计	一+二+三+四+五

2. 以安装费率形成表现的定额

以安装费率形成表现的定额，是以安装费占设备原价的百分率形式表示的。定额中给定了人工费、材料费（装置性材料）和机械使用费各占设备原价的百分比。在编制安装工程单价时，由于设备原价本身受市场价格的变化而浮动。因此，除人工费率可根据工程所在地区类别按规定的调整系数进行调整外，材料费率和机械使用费率均不得调整。其安装工程单价计算方法及程序见表2-5。

表2-5　　　　　　　　　安装费率表示的安装工程单价计算程序表

序　号	费用名称	计　算　方　法
一	直接工程费	（一）+（二）+（三）
（一）	直接费	（1）+（2）+（3）+（4）
（1）	人工费	定额人工费率（%）×人工费调整系数×设备原价
（2）	材料费	定额材料费率（%）×设备原价
（3）	机械使用费	定额机械使用费率（%）×设备原价
（4）	装置性材料费	定额装置性材料费率（%）×设备原价

序　号	费 用 名 称	计 算 方 法
（二）	其他直接费	（一）×其他直接费率（%）
（三）	现场经费	（1）×现场经费费率（%）
二	间接费	（1）×间接费率（%）
三	企业利润	（一＋二）×企业利润率（%）
四	税金	（一＋二＋三）×税率（%）
	安装工程单价合计	一＋二＋三＋四

学习单元五　设　备　费

设备费按设计选型设备的数量和价格进行编制。设备费包括设备原价、运杂费、运输保险费和采购及保管费。

一、设备原价

（1）国产设备，以出厂价为原价，非定型和非标准产品（如闸门、拦污栅、压力钢管等）采用与厂家签订的合同价或询价。

（2）进口设备，以到岸价和进口征收的税金、手续费、商检费及港口费等各项费用之和为原价。到岸价采用与厂家签订的合同价或询价计算，税金和手续费等按规定计算。

（3）大型机组拆卸分装运至工地后的拼装费用，应包括在设备原价内。

（4）可行性研究和初步设计阶段，非定型和非标准产品，一般不可能与厂家签订价格合同，设计单位可按向厂家索取的报价资料和当年的价格水平，经认真分析论证后，确定设备价格。

二、运杂费

运杂费是指设备由厂家运至工地安装现场所发生的一切运杂费用。主要包括运输费、调车费、装卸费、包装绑扎费、大型变压器充氮费以及其他可能发生的杂费。设备运杂费分主要设备运杂费和其他设备运杂费，均按占设备原价的百分率计算，即：

运杂费＝设备原价×运杂费率

1. 主要设备运杂费率

设备由铁路直达或铁路、公路联运时，分别按里程求得费率后叠加计算；如果设备由公路直达，应按公路里程计算费率后，再加公路直达基本费率。

主要设备运杂费率标准见表2-6。

2. 其他设备运杂费率

工程地点距铁路线近者费率取小值，远者取大值。新疆、西藏两自治区的费率在表2-7中未包括，可视具体情况另行确定。

表 2-6			主要设备运杂费率表			%
设 备 分 类		铁 路		公 路		公路直达基本费率
		基本运距 1000km	每增运 500km	基本运距 50km	每增运 10km	
水轮发电机组		2.21	0.4	1.06	0.1	1.01
主阀、桥机		2.99	0.7	0.85	0.18	1.33
主变压器容量	≥120000kVA	3.5	0.56	2.8	0.25	1.2
	<20000kVA	2.97	0.56	0.92	0.1	1.2

表 2-7	其他设备运杂费率表	%
类 别	适 用 地 区	费 率
I	北京、天津、上海、江苏、浙江、江西、安徽、湖北、湖南、河南、广东、山西、山东、河北、陕西、辽宁、吉林、黑龙江等省、直辖市	4~6
II	甘肃、云南、贵州、广西、四川、重庆、福建、海南、宁夏、内蒙古、青海等省、自治区、直辖市	6~8

以上运杂费适用于国产设备运杂费,在编制概、预算时,可根据设备来源地、运输方式、运输距离等逐项进行分析计算。

3.进口设备国内段运杂费率

国产设备运杂费率乘以相应国产设备原价占进口设备原价的比例系数,即为进口设备国内段运杂费率。

三、运输保险费

运输保险费是指设备在运输过程中的保险费用。国产设备的运输保险费率可按工程所在省、自治区、直辖市的规定计算。进口设备的运输保险费率按有关规定计算。一般可取0.1%~0.4%。

$$运输保险费 = 设备原价 × 运输保险费率$$

四、采购及保管费

采购及保管费是指建设单位和施工企业在负责设备的采购、保管过程中发生的各项费用。

$$采购及保管费 = (设备原价 + 运杂费) × 采购及保管费率$$

按现行规定,设备采购及保管费率取0.7%。

所以,设备费计算公式为:

$$设备费 = 设备原价 + 运杂费 + 运输保险费 + 采购及保管费$$

五、运杂综合费率

在编制设备安装工程概预算时,一般将设备运杂费、运输保险费和采购及保管费合并,统称为设备运杂综合费,其中:

$$运杂综合费率\ K=运杂费率+(1+运杂费率)\times采购及保管费率+运输保险费率$$
$$设备预算价格=设备原价\times(1+K)$$
$$设备费=设备数量\times设备预算价格$$

学习单元六　建筑工程量计算

一、工程量的概念

工程量是把设计图纸的内容转化为按定额的分项工程或按结构构件项目划分的以物理计量单位或自然计量单位表示的实物数量。

物理计量单位是以分项工程或结构构件的物理属性为计量单位,如长度、面积、体积和重量等。如 $20m^3$ 混凝土就是以物理单位表示的混凝土工程量。

自然计量单位是以客观存在的自然实体为单位的计量单位,当分部分项工程或结构构件没有一定规格,而构件较复杂时,可按个、块、套、组、座等作为计量单位。如一座水塔就是以自然计量单位表示的构筑物水塔工程量。

二、工程量计算的依据

工程量计算就是根据施工图、预算定额划分的项目及定额规定的工程量计算规则,按施工图列出分项工程名称,再写出计算式,并计算出最后结果的过程。

(1)施工设计图纸及设计说明。设计图纸及说明反映了工程内容、构造与尺寸,是工程量计算的基本对象。

(2)施工组织设计。施工组织设计涉及施工方法和工程量的变化,是工程量计算的补充和调整依据。

(3)工程量计算规则(包括清单工程量计算规则和定额工程量计算规则)。工程量计算规则具体给出了各计价项目的计量单位、计算界线和计算方法,是工程量计算的基本依据。

(4)其他资料。包括招标文件、施工合同、图纸会审纪要及工程签证等。

三、工程量计算的一般原则

(1)计算口径、计量单位必须一致。计算工程量时,根据施工图及有关资料列出的分项工程的口径(指分项工程所包括的项目特征、工程内容、工作内容及范围),必须与清单计价规则或定额中相应分项工程的口径相一致。为了确保口径一致,在工程量计算时,除必须熟悉施工图和有关资料外,还必须熟悉定额中每一个定额项目所包括或所综合的工程内容、工作内容和范围。

计算工程量时,分项工程工程量的计量单位,必须与定额相应项目中的计量单位一致。

(2)工程量的计算必须与图纸设计的规定一致。工程量计算时,必须严格按照设计文件内容和所标注尺寸进行计算。工程量计算的项目必须与设计的构造层次、材料品种、施工方法及厚度等相一致,不得任意加大或缩小、随意增加或减少,更不能随意修改名称或内容而去高套定额。

（3）工程量的计算必须按工程量计算规则计算。预算定额各个分部都列有工程量计算规则，清单计价规范每一清单项目也都规定了工程量计算规则。工程量计算规则给出了计算单位、计算界线和计算的方法，它是计算和确定定额各项消耗指标的基础和依据，是统一计算尺度和标准的法则，也是具体进行工程实物数量测算和分析消耗数量的准绳。在计算工程量时，必须严格执行工程量计算规则，否则，就会造成计算不一，造价不正确，招标投标以及工程结算实难进行。

（4）必须列出计算式。为了准确计算，便于审核和校对，每个分项工程工程量计算时，必须详细列出计算式，并注明所在部位或轴线，计算式应力求简单明了，并应按一定的次序排列计算。

（5）工程量计算必须准确、精准。工程量必须严格按照图纸设计的尺寸和项目计算，不得任意加大或缩小工程量。工程量计算的精确度要统一，计算过程和计算结果要准确。

（6）计算方法必须科学、简明，计算顺序安排合理。为了计算时不重不漏项目，必须讲究计算方法和计算顺序，应首先根据图纸、定额和有关资料列出本工程的各分部分项工程的项目，然后按照施工图和有关资料，遵循一定的顺序逐项计算。

（7）必须检查、复核。工程量计算完毕后，必须先进行自我复核，检查项目、算式、数据、单位等有无错误和遗漏，然后再进行他人复检，以保证计算的准确性。

四、工程量计算的方法和顺序

（一）单位工程的计算顺序

单位工程（一栋房屋的土建工程）可采用以下计算顺序：

1. 按图纸顺序计算

建筑工程设计是由建筑施工图和结构施工图两大部分组成。按图纸顺序计算的方法就是按图纸的顺序由建施到结施，由前到后依次计算。计算建筑施工图上内容时，可先按平面图统计和计算门窗、半成品数量和内外墙的长度，以及室内净面积，再依据剖面、立面图及详图，计算墙体工程量；再根据建筑用料说明，计算出各装饰、地面、屋面工程量。计算结构施工图上内容时，可先逐张统计结构平面图上的构件数量和有关尺寸，填入构件汇总表中，再按每张构件详图，计算其各构件工程量。按图纸顺序计算工程量，要求对预算定额的章节内容很熟悉，否则容易出现项目之间的混淆及漏项。

2. 按施工顺序计算

这种方法是按施工的先后顺序安排工程量的计算顺序。先地下，后地上；先基础，后结构；先结构，后围护；先主体，后装修。如基础工程量按：场地平整、挖地槽（坑）、基础垫层、砌砖石基础、现浇混凝土基础、基础防潮层、基础回填土、余土外运等顺序列项计算。这种方法打破了预算定额项目划分的顺序，使用时要求计算者对施工过程比较熟悉，并且要求对定额及图纸内容十分熟悉，否则容易漏项。

3. 按工程量清单编码或预算定额编号的顺序计算

这种计算方法是按清单或定额的章节、子目次序，由前到后，逐项对照计算。该方法要求首先熟悉图纸，具有一定的工程设计基础知识。使用时应注意，工程图纸是按使用要求设计的，其平立面造型、内外装修、结构形式及内部设计千变万化，有些设计采用了新工艺、新材料，或有些零星项目可能没有相应的清单编码或定额编码，在计算工程量时应单列出来，不能因缺项而漏掉，即按照土方工程、桩基工程、砖石工程及钢筋混凝土工程等项目顺序进行列项计算。

4. 统筹安排，连续计算

统筹法是根据预算定额和工程量计算规则，找出项目之间的内在联系，按先后主次，运用统筹法原理安排计算程序，将烦琐的工程量计算加以简化，明确工作重点、提高工作质量和效率的科学计算方法。

统筹法计算工程量的步骤：

(1) 计算基数：外墙中心线 $L_{中}$、内墙净长线 $L_{内}$、外墙外边线 $L_{外}$ 及首层建筑面积 $S_{底}$。

(2) 计算与基数相关项目的工程量。

(3) 统计木门窗、预制钢筋混凝土构件数量，利用手册计算工程量。

(4) 计算其他不能利用基数、手册的项目。

实际应用中，不因生搬硬套，要结合建筑工程的实际进行计算。

(二) 每张图纸的计算顺序

在计算一张图纸内的工程量时，为了防止重复计算或漏项，也应该遵循一定的顺序。通常有以下四种：

1. 按顺时针方向计算

从平面图左上角开始，从左到右按顺时针方向逐步计算，环绕一周后回到左上角。这种方法适用于计算外墙、外墙基础、外墙地槽、外墙垫层、楼地面、天棚及室内装修等工程量。

2. 按先横后竖、先上后下、先左后右的顺序计算

这种方法是指在同一平面图上有纵横交错的墙体时，可按先横后竖的顺序进行计算。计算横墙时先上后下，横墙间断时先左后右，计算竖墙时先左后右，竖墙间断时先上后下。此方法适用于计算内墙、内墙基础、内墙地槽、内墙垫层和各种间隔墙等工程量。

3. 按轴线编号顺序计算工程量

对于结构较复杂的工程，仅按上述顺序可能发生重复和遗漏，为了便于计算和审核，还应按设计图纸的轴线编号顺序，从左到右、从上到下进行计算。这种方法适用于计算内外墙挖地槽、内外墙基础、内外墙砌体及内外墙装饰等工程。

4. 按图纸上的构、配件编号分类依次计算

施工图上往往给各类构件依序编了号，计算时按照各类不同的构、配件的自身编号分别依次计算。这种方法适用于钢筋混凝土构件、金属构件和木门窗等工程。

五、建筑面积计算

(一) 建筑面积的概念

建筑面积是建筑物各层外墙外边线围成的水平面积之和。包括使用面积、辅助面积和结构面积三部分。

1. 使用面积

建筑物各层平面中直接为生产或生活所使用的面积之和。例如住宅建筑中的各居室、客厅、餐厅等。

2. 辅助面积

建筑物各层平面中为辅助生产或辅助生活所占净面积之和。例如住宅建筑中的楼梯、走道、厕所、厨房等。使用面积与辅助面积的总和称有效面积。

3. 结构面积

建筑物各层平面中的墙、柱等结构所占面积的总和。

(二)建筑面积计算规定

(1)单层建筑物的建筑面积,应按其外墙勒脚以上结构外围水平面积计算,并应符合下列规定:

1)单层建筑物高度在2.20m及其以上者,应计算全面积;高度不足2.20m者,应计算1/2面积。

2)利用坡屋顶内空间时净高超过2.10m的部位,应计算全面积;净高在1.20~2.10m的部位,应计算1/2面积;净高不足1.20m的部位,不应计算面积。

(2)单层建筑物内设有局部楼层者,局部楼层的二层及其以上楼层,有围护结构的应按其围护结构外围水平面积计算,无围护结构的应按其结构底板水平面积计算。层高在2.20m及其以上者,应计算全面积;层高不足2.20m者,应计算1/2面积。

(3)多层建筑物首层应按其外墙勒脚以上结构外围水平面积计算,二层及其以上楼层应按其外墙结构外围水平面积计算。层高在2.20m及其以上者,应计算全面积;层高不足2.20m者,应计算1/2面积。

(4)多层建筑坡屋顶内和场馆看台下,当设计加以利用时,净高超过2.10m的部位应计算全面积;净高在1.20~2.10m的部位,应计算1/2面积;当设计不利用或室内净高不足1.20m时,不应计算面积。

(5)地下室、半地下室(车间、商店、车站、车库、仓库等),包括相应的有永久性顶盖的出入口,应按其外墙上口(不包括采光井、外墙防潮层及其保护墙)外边线所围水平面积计算。层高在2.20m及其以上者,应计算全面积;层高不足2.20m者,应计算1/2面积。

(6)坡地的建筑物吊脚架空层、深基础架空层,设计加以利用并有围护结构的,层高在2.20m及其以上的部位,应计算全面积;层高不足2.20m的部位,应计算1/2面积。设计加以利用、无围护结构的建筑吊脚架空层,应按其利用部位水平面积的1/2计算;设计不利用的深基础架空层、坡地吊脚架空层、多层建筑坡屋顶内、场馆看台下的空间,不应计算面积。

(7)建筑物的门厅、大厅按一层计算建筑面积。门厅、大厅内设有回廊时,应按其结构底板水平面积计算。层高在2.20m及其以上者,应计算全面积;层高不足2.20m者,应计算1/2面积。

(8)建筑物间有围护结构的架空走廊,应按其围护结构外围水平面积计算。层高在2.20m及其以上者,应计算全面积;层高不足2.20m者,应计算1/2面积。有永久性顶盖无围护结构的,应按其结构底板水平面积的1/2计算。

（9）立体书库、立体仓库、立体车库,无结构层的应按一层面积计算,有结构层的应按其结构层面积分别计算。层高在2.20m及其以上者,应计算全面积;层高不足2.20m者,应计算1/2面积。

（10）有围护结构的舞台灯光控制室,应按其围护结构外围水平面积计算。层高在2.20m及其以上者,应计算全面积;层高不足2.20m者,应计算1/2面积。

（11）建筑物外有围护结构的落地橱窗、门斗、挑廊、走廊、檐廊,应按其围护结构外围水平面积计算。层高在2.20m及其以上者,应计算全面积;层高不足2.20m者,应计算1/2面积。有永久性顶盖无围护结构的应按其结构底板水平面积的1/2计算。

（12）有永久性顶盖无围护结构的场馆看台,应按其顶盖水平投影面积的1/2计算。

（13）建筑物顶部有围护结构的楼梯间、水箱间、电梯机房等,层高在2.20m及其以上者,应计算全面积;层高不足2.20m者,应计算1/2面积。

（14）设有围护结构不垂直于水平面而超出底板外沿的建筑物,应按其底板面的外围水平面积计算。层高在2.20m及其以上者,应计算全面积;层高不足2.20m者,应计算1/2面积。

（15）建筑物内的室内楼梯间、电梯井、观光电梯井、提物井、管道井、通风排气竖井、垃圾道、附墙烟囱应按建筑物的自然层计算面积。

（16）雨篷结构的外边线至外墙结构外边线的宽度超过2.10m者,应按雨篷结构板的水平投影面积的1/2计算。

（17）有永久性顶盖的室外楼梯,应按建筑物自然层的水平投影面积的1/2计算。

（18）建筑物的阳台均应按其水平投影面积的1/2计算。

（19）有永久性顶盖无围护结构的车棚、货棚、站台、加油站、收费站等,应按其顶盖水平投影面积的1/2计算。

（20）高低联跨的建筑物,应以高跨结构外边线为界分别计算建筑面积。高低跨内部连通时,其变形缝应计算在低跨面积内。

（21）以幕墙作为围护结构的建筑物,应按幕墙外边线计算建筑面积。

（22）建筑物外墙外侧有保温隔热层的,应按保温隔热层外边线计算建筑面积。

（23）建筑物内的变形缝,应按其自然层合并在建筑物面积内计算。

（24）下列项目不应计算面积:

1）建筑物通道（骑楼、过街楼的底层）。

2）建筑物内的设备管道夹层。

3）建筑物内分隔的单层房间,舞台及后台悬挂幕布、布景的天桥、挑台等。

4）屋顶水箱、花架、凉棚、露台、露天游泳池。

5）建筑物内的操作平台、上料平台、安装箱和罐体的平台。

6）勒脚、附墙柱、垛、台阶、墙面抹灰、装饰面、镶贴块料面层、装饰性幕墙、空调室外机搁板（箱）、飘窗、构件、配件、宽度在2.10m及其以内的雨篷以及与建筑物内不相连通的装饰性阳台、挑廊。

7）无永久性顶盖的架空走廊、室外楼梯和用于检修、消防等的室外钢楼梯、爬梯。

8）自动扶梯、自动人行道。

9）独立烟囱、烟道、地沟、油（水）罐、气柜、水塔、贮油（水）池、贮仓、栈桥、地下人防通道、地铁隧道。

六、土建工程量计算

（一）土石方工程量计算

1. 土石方工程项目内容

土石方工程主要包括平整场地、挖土、人工凿石、人工挖孔桩土石方、石方爆破、回填土、土石方运输等项目。

2. 土石方工程量计算准备工作

在计算土石方工程量以前，应确定：

（1）土壤类别与地下水位的标高。

（2）土石方挖、填、运和排水的施工方法。

（3）坑（槽）的土方施工是采用直壁、放坡还是支挡土板。

（4）确定起点标高等。

3. 土石方工程量计算规则

（1）土壤、岩石体积，均按挖掘前的天然体积（自然方）以立方米计算。机械进入施工作业面，上下坡道增加的土石工程量，并入施工的土石方工程量内。

（2）平整场地工程量按实际平整面积以平方米计算。

（3）场地原土碾压，按图示尺寸以平方米计算。

（4）平基土石方按图示尺寸加放坡工程量及石方爆破允许超挖量以立方米计算；沟槽、基坑土石方工程量按图示尺寸加工作面宽度增加量、放坡量以立方米计算；人工挖孔桩土石方工程量以设计桩的截面面积（含护壁）乘以桩孔中心线深度以立方米计算。

（5）挖沟槽、基坑的放坡应根据设计或施工组织设计要求的放坡系数计算。如设计或施工组织设计无规定时，沟槽、放坡系数按表2-8计算。

表2-8　　　　　　　　　　　　　　　　沟槽、放坡系数表

人　工　开　挖	机　械　开　挖　土　方		放坡起点深度/m
	在沟槽、坑底	在沟槽、坑边	土方
1：0.3	1：0.25	1：0.67	1.5

注　1. 计算土方放坡时，在交接处所产生的重复工程量不予扣除。

　　2. 原槽如做基础垫层，放坡自垫层上表面开始计算。

（6）外墙基槽长度按图示中心线长度计算，内墙基槽长度按槽底净长计算，其突出部分体积并入基槽工程量计算。

（7）基坑、沟槽宽度按设计规定计算。如设计无规定时，无垫层者按基础底宽加两侧工作面宽度计算，有垫层者按垫层底宽加两侧工作面宽度计算。支撑挡土板的沟槽底宽，除按以上规定计算外，每边各加0.1m。沟槽每侧工作面宽度按表2-9计算。

表 2 - 9　　　　　　　　　　　　工 作 面 增 加 宽 度 表　　　　　　　　　　单位：m

建 筑 工 程		构 筑 物	
基础材料	每侧工作面宽	无防潮层工作面宽	有防潮层工作面宽
砖	0.2		
浆砌条石、块（片）石	0.15	0.4	0.6
混凝土垫层或基础支模板者	0.3		
垂面做防水防潮层	0.8		

（8）沟槽、基坑深度按图示槽、坑底面至自然地面（场地平整的按平整后的地坪）高度计算。

（9）回填土、石渣碾压工程量，按填方区压实后体积以立方米计算。

（10）人工摊座和修整边坡工程量，按设计规定需摊座和修整边坡的面积以平方米计算。

（11）挖沟槽、基坑支挡土板，按图示槽、坑底宽尺寸，单面支挡土板加 100mm，双面支挡土板加 200mm，以槽、坑垂直的支撑面积，以平方米计算。如一侧支撑挡土板时，按一侧的支撑面积计算工程量。支挡板工程量和放坡工程量不得重复计算。

（12）石方爆破允许超挖量，按被开挖坡面面积乘以 180mm 以立方米计算。

（13）石方光面爆破工程量，按光面爆破坡面面积乘以 1000mm 以立方米计算。

（14）凿岩机钻孔预裂爆破和凿岩机钻减震孔，按钻孔总长，以延长米计算。

（15）地基强夯按设计图示强夯面积，以夯击能量、每点夯击点及夯击遍数以平方米计算。

（16）人工挖孔桩及人工挖沟槽、基坑，如在同一桩孔内或同一沟槽、基坑内，有土有石时，按其土层与岩石的不同深度分别计算工程量，执行相应子目。

4. 土石方工程量计算说明与计算公式

（1）平整场地工程量计算。

平整场地是指厚度在 ±300mm 以内的就地挖、填找平。竖向布置进行挖、填方时，不再计算场地平整工程量。平整场地工程量按实际平整面积，以平方米计算。

在不便确定实际平整面积时，习惯的做法是按建筑物外墙外边线每边各加 2m，再按两种方法进行计算。

1）场地底面为规则的四边形时：

$$S_{场} = （建筑物外墙外边线长 + 4） \times （建筑物外墙外边线宽 + 4）$$

2）当建筑物底面为不规则的图形时：

$$S_{场} = 底层建筑面积 + 建筑物外墙外边线长 \times 2 + 16$$

或

$$S_{场} = S_{底} + 2 \times L_{外} + 16$$

（2）基槽工程量计算。

凡槽长大于槽宽的 3 倍，槽底宽度在 5m（不含加宽工作面）以内者，按基槽计算。

基槽土方工程量按下式计算：

基槽体积 $V_槽$＝基槽长度 L×基槽横断面面积 $S_槽$

基槽长度（L）：外墙基槽长度按外墙图示中心线长度计算（$L_中$），内墙基槽长度按内墙基槽槽底净长计算（$L_槽$）。

基槽横断面面积计算公式如下：

$$S_槽＝(a＋2c＋kh)h$$

式中　a——设计垫层宽度；

　　　c——增加工作面宽度；

　　　k——边坡系数；

　　　h——地槽深度。

（3）基坑工程量计算。

凡图示坑底面积（不含加宽工作面）在 $50m^2$ 以内，且长边小于短边 3 倍者，执行基坑项目。

梯形基坑体积可按如下公式计算：

$$V＝(a＋2c＋kh)(b＋2c＋kh)h＋\frac{1}{3}k^2h^3$$

式中　a——垫层长度；

　　　b——垫层宽度；

　　　c——增加工作面宽度；

　　　k——放坡系数；

　　　h——基坑深度。

圆形基坑体积可按下式计算：

$$V＝\frac{1}{3}\pi h(R_1^2＋R_2^2＋R_1R_2)$$

式中　R_1——下口半径；

　　　R_2——上口半径；

　　　h——基坑深度。

（4）回填土体积按下列各式，以立方米计算：

槽、坑回填体积＝挖方体积－埋设的构件体积

室内回填体积＝墙与墙间净面积×回填厚度

管沟回填体积＝挖方体积－管径在 500mm 以上的管道体积及埋设的构件体积

（5）余方工程量按下式计算：

余方运输体积＝挖方体积－回填方体积

（二）挡墙、护坡工程量计算

1. 挡墙、护坡工程项目内容

挡墙、护坡工程主要包括砖石挡墙、护坡，混凝土挡墙、护坡，以及钢筋混凝土锚杆工程等项目。

2. 挡墙、护坡工程量计算规则

（1）砌筑工程计算规则。

1）砌体均按图示尺寸以平方米计算，不扣除嵌入砌体的钢筋、铁件，以及单个面积在 0.3m² 以内的孔洞体积。

2）石踏步、石梯带砌体以米计算，石平台砌体以平方米计算。踏步、梯带平台的隐蔽部分以 m³ 计算，执行挡墙基础部分相应子目。

（2）混凝土工程计算规则。

1）混凝土浇筑按图示尺寸以立方米计算，应扣除单个面积在 0.3m² 以上的空洞体积。

2）混凝土挡土墙、块（片）石混凝土挡墙、薄壁混凝土挡墙单面支模时，其混凝土工程量按设计断面厚度增加 50mm 计算，混凝土挡墙模板乘以系数 0.6。

3）喷射混凝土按设计面积以平方米计算。

（3）锚杆工程计算规则。

1）锚杆（索）钻孔按设计要求或实际钻孔分别计算土层和岩层深度以延长米计算。

2）锚杆钢筋按设计要求长度（包括孔外至墙体内的长度）以吨计算。

3）锚索按设计要求的孔内长度另加孔外 1000mm，以吨计算。

4）锚孔注浆土层部分按孔径加 20mm 充盈量，以立方米计算。

3．挡墙、护坡工程量计算说明

1）挡墙、护坡工程搭设脚手架时，脚手架工程量按脚手架工程规定另行计算。

2）挡土墙后需作回填时，回填工程量按实计算。

3）砌体勾缝按相应定额子目执行。子目中的勾缝为加浆勾缝，如为原浆勾缝，人工乘以系数 0.5，材料和机械不计算。

4）混凝土墙帽与混凝土墙同时浇筑时，工程量合并计算，执行墙混凝土项目。

5）混凝土墙体厚度在 300mm 以内时，执行薄壁混凝土挡墙项目。

（三）基础工程量计算

1．基础工程项目内容

基础工程主要包括砖石基础、桩基础和混凝土及钢筋混凝土基础工程等项目。

2．基础工程量计算规则

（1）桩基础计算规则。

1）机械钻孔灌筑混凝土桩按设计桩长以延长米计算。若同一钻孔内有土层和岩层时，应分别计算。

2）混凝土护壁工程量按设计断面周边增加 20mm，按其体积以立方米计算。

3）砖砌挖孔桩护壁按实际体积，以立方米计算。

4）人工挖孔灌筑桩桩芯混凝土工程量：无护壁的按单根设计桩长另加 250mm 乘设计断面面积（周边增加 20mm），以立方米计算；有护壁的按单根设计桩长另加 250mm 乘设计断面面积，以立方米计算。凿桩不另行计算。

5）钻孔灌筑桩的泥浆运输工程量按实际体积，以立方米计算。

（2）砖石基础计算规则。

1）基础与墙、柱划分。

a．砖基础与墙、柱以防潮层为界，无防潮层者以室内地坪为界。

b. 毛条石、块（片）石基础与墙身的划分：内墙以设计室内地坪为界，外墙以设计室外地坪为界。

c. 毛条石、块（片）石基础与勒脚以设计室外地坪为界，勒脚与墙身以设计室内地坪为界。

d. 石围墙内外地坪标高不同时，以其较低标高为界，以下为基础，内外标高之差为挡土墙，挡土墙以上为墙身。

2）砖石基础工程量计算。

砖石基础按图示尺寸以立方米计算。嵌入砖石基础的钢筋、铁件、管子、基础防潮层、单个面积在0.3m²以内的孔洞，以及砖基础大放脚的T形接头重复部分，均不扣除。附墙垛基础突出部分体积并入基础工程量。

（3）混凝土基础计算规则。

1）无梁式满堂基础，其倒转的柱头（帽）并入基础计算，肋形满堂基础的梁、板合并计算。

2）箱式基础，应分别按满堂基础（底板）、柱、墙、梁、板（顶板）相应项目计算。

3）框架式设备基础，应分别按基础、柱、梁、板相应项目计算。

4）混凝土杯形基础的杯颈部分的高度大于其长边的3倍者，按高杯基础计算。

5）有肋带形基础，肋高与肋宽之比在5:1以上时，其肋部分按墙计算。

6）计算混凝土承台工程量时，不扣除浇入承台的桩头体积。

3. 基础工程量计算说明与计算公式

（1）桩基础。

1）钻机钻孔时，若出现垮塌、流砂、钢筋混凝土块无法成孔等施工情况而采取的各项措施所发生的费用，按实计算。

2）桩基础项目中未包括泥浆池的工料，发生时按实计算。

3）灌筑混凝土桩进行荷载试验及检测的工作内容未包括在定额项目内。

4）灌筑混凝土桩的混凝土充盈量已包括在定额项目内，不另计算。

（2）混凝土基础。

1）基础混凝土厚度在300mm以内的执行基础垫层项目，厚度在300mm以上的按相应的基础项目执行。

2）基础梁适用于无底模的基础梁，有底模的基础梁执行混凝土和钢筋混凝土工程内容中相应梁项目。

3）基础桩外露部分混凝土模板，按混凝土和钢筋混凝土工程内容中相应柱模板子目乘以系数0.85。

（3）有关计算公式。

1）砖石基础长度

a. 砖石外墙基础按外墙中心线长度计算。

b. 内墙墙基、砖砌基础按内墙净长计算，石砌基础按内墙基净长计算。如为台阶式断面时，可按下式计算其基础的平均宽度：

$$B = A/H$$

式中　　B——基础断面平均宽度，m；

　　　　A——基础断面面积，m^2；

　　　　H——基础深度，m。

2）带形砖基础工程量以立方米计算，计算公式如下：

$$带形砖基础工程量 = L_中 \times 砖基础断面面积 + L_内 \times 砖基础断面面积$$

$$砖基础断面面积 = 基顶宽度 \times 设计高度 + 增加的大放脚断面$$

$$= 基顶宽度 \times (设计高度 + 折加高度)$$

$$折加高度 = 增加断面面积 / 基顶宽度$$

3）砖柱基础工程量以立方米计算，计算公式如下：

$$砖柱基础工程量 = 砖柱断面 \times (柱基高 + 折加高度)$$

$$折加高度 = 柱四周大放脚体积 / 砖柱断面$$

$$柱四周大放脚体积 = 0.007875n(n+1)[(a+b) + 0.04165(2n+1)]$$

式中　　a——基顶断面的长，m；

　　　　b——基顶断面的宽，m；

　　　　n——大放脚层数。

（四）脚手架工程量计算

1. 脚手架的种类

脚手架分为综合脚手架、单项脚手架两类。综合脚手架工程量是按建筑物的建筑面积计算确定的，凡是建筑物所搭设的脚手架，均按综合脚手架计算。单项脚手架是作为不能计算建筑面积而又必须搭设脚手架的项目。

2. 脚手架计算规则

（1）综合脚手架计算规则。

1）综合脚手架应分单层、多层和不同檐高，按《建筑面积计算规范》计算其工程量。

2）满堂基础脚手架工程量按其底板面积计算。满堂基础按满堂脚手架基本层项目的50％计算脚手架摊销费，人工不变。

3）高度在 3.6m 以上的天棚装饰，按满堂脚手架项目乘以系数 0.3 计算脚手架摊销费，人工不变。

4）满堂式钢管支架工程量按支撑现浇项目的水平投影面积乘以支撑高度以立方米计算，不扣除垛、柱所占的体积。

（2）单项脚手架计算规则。

1）外脚手架、里脚手架、高层提升外架均按垂直投影面积计算，不扣除门窗洞口和空圈等所占面积。

2）砌砖工程高度在 1.35～3.6m 以内者，按里脚手架计算；高度在 3.6m 以上者按外脚手架计算。独立砖柱高度在 3.6m 以内者，按柱外围周长乘实砌高度按里脚手架计算；高度在 3.6m 以上者，按柱外围周长加 3.6m 乘实砌高度按单排脚手架计算。

3）砌石工程（包括砌块）高度超过 1m 时，按外脚手架计算。独立石柱高度在 3.6m 以内者，按柱外围周长乘实砌高度计算；高度在 3.6m 以上者，按柱外围周长加 3.6m 乘实砌高度计算。

4）围墙高度从自然地坪至围墙顶计算，长度按墙中心线计算，不扣除门所占面积，但门柱和独立门柱的砌筑脚手架亦不增加。

5）满堂脚手架按搭设的水平投影面积计算，不扣除垛、柱所占的面积。满堂脚手架高度以设计层高计算，高度在 3.6～5.2m 时，按满堂脚手架基本层计算。高度在 5.2m 以上时，每增加 1.2m，按增加一层计算，增加高度在 0.6m 以内时舍去不计。在 0.6～1.2m 时，按增加一层计算。

6）挑脚手架按搭设长度和搭设层数，以延长米计算。

7）悬空脚手架按搭设的水平投影面积计算。

8）水平防护架按脚手板实铺的水平投影面积计算。

9）垂直防护架以高度（从自然地坪算至最上层横杆）乘两边立杆之间距离，以平方米计算。

10）建筑物垂直封闭工程量按封闭面的垂直投影面积计算。

11）烟囱、水塔脚手架，按不同直径、高度以座计算。水塔脚手架按相应烟囱脚手架人工乘以系数 1.11，其他不变。

3. 脚手架工程量计算说明

本实训脚手架按钢管料编制，施工中实际采用竹、木和其他脚手架时，不允许调整；脚手架项目已综合了上料平台、防护栏杆和安全网，不再另行计算。

（1）综合脚手架。

1）凡能够按《建筑面积计算规范》计算建筑面积的建筑工程，均按综合脚手架项目计算脚手架摊销费。即凡是为能够计算建筑面积的建筑物施工所搭设的脚手架称为综合脚手架。套用定额时，按单层或多层建筑分类，以建筑物的檐口高度分项套定额。

2）综合脚手架项目中已综合考虑了砌筑、浇筑、吊装和装饰等脚手架摊销费用，除满堂基础和 3.6m 以上的天棚装饰、玻璃幕墙脚手架按规定可单独计算以外，不再计算其他脚手架摊销费。

3）综合脚手架面积按《建筑面积计算规范》计算，但"建筑物内设备管道夹层"、"建筑物的阳台（入户花园）"、"地下室、半地下室（车间、商店、车站、车库、仓库等）"应按以下规则计算综合脚手架面积。

a. 建筑物内设备管道夹层层高在 2.2m 以内时，计算 1/2 面积；层高在 2.2m 及以上时，应计算全面积。

b. 建筑物的阳台（入户花园）按以下规定计算面积：

挑阳台按水平投影面积的 1/2 计算；阳台单柱支撑者，按其水平投影面积的 1/2 计算；

阳台双柱支撑者，按其柱外围水平投影面积计算；凹阳台（入户花园）深度在 2.1m 以内时，按其水平投影面积的 1/2 计算，在 2.1m 以上时，按水平投影面积计算。

c. 地下室、半地下室（车间、商店、车站、车库、仓库等）无外墙上口的，按其内边线加 250mm 进行计算。

d. 屋面上现浇混凝土排架和其他现浇构架的综合脚手架面积应按以下规则计算：

建筑装饰造型及其他功能需要在屋面上施工现浇混凝土排架和其他现浇构架，高度在

2.2m 以上时，其面积不小于整个屋面面积 1/2 者，按其排架构架外边柱外围水平投影面积的 70％计算；其面积不小于整个屋面面积 1/3 者，按其排架构架外边柱外围水平投影面积的 50％计算；其面积小于整个屋面面积 1/3 者，按其排架构架外边柱外围水平投影面积的 25％计算。

（2）单项脚手架。

1）凡不能够按《建筑面积计算规范》计算建筑面积的建筑工程，确需搭设脚手架时，按单项脚手架项目计算脚手架摊销费。单项脚手架包括外脚手架、单排脚手架、里脚手架、满堂脚手架、挑脚手架、悬空脚手架、烟囱脚手架等，不能简单地将单项脚手架理解为单排脚手架。

2）外脚手架是按双排架考虑的，单排脚手架应按外脚手架项目乘以系数 0.7。

3）水平防护架和垂直防护架，均指在脚手架以外，单独搭设的用于车马通道、人行通道、临街防护和将施工与其他物体隔离的水平及垂直防护架。

4）建筑物封闭用的水平防护架、垂直防护架子目是按 8 个月施工期限（自搭设之日起至拆除日期）编制的，超过 8 个月施工期的工程，子目中的材料应乘以表 2-10 中的系数，其工料不变。

表 2-10　　　　　　　　　　防护架材料系数

施工期/月	10	12	14	16	18	20	22	24	26	28	30
系数	1.18	1.39	1.64	1.94	2.29	2.70	3.19	3.76	4.44	5.23	6.18

（五）砌筑工程量计算

1. 砌筑工程项目内容

砌筑工程主要包括砖石基础、砖石墙、砖柱、各种砌块墙、其他各种砌体及砖砌体钢筋加固等工程。

2. 砌筑工程计算规则

（1）一般计算规则。标准砖砌体厚度，按表 2-11 规定计算。

表 2-11　　　　　　　　　　标准砖砌体厚度表　　　　　　　　单位：mm

设计厚度	60	100	120	180	200	240	370
计算厚度	53	95	115	180	200	240	365

（2）砌砖、砌块计算规则。

1）外墙长度按外墙中心线长度计算，内墙长度按内墙净长计算。

2）墙身高度按下列规定计算：

a. 外墙高度，按图示尺寸计算，如设计图纸无规定时，有屋架的斜屋面，且室内外均有天棚者，算至屋架下弦底再加 200mm；无天棚者，算至屋架下弦再加 300mm（如出檐宽度超过 600mm 时，应按实砌高度计算）；平屋面算至钢筋混凝土顶板面。

b. 内墙高度，位于屋架下弦者，其高度算至屋架下底；无屋架者，算至天棚底再加 100mm；有钢筋混凝土楼板隔层者，算至钢筋混凝土楼板顶面。60mm 和 120mm 厚砖内墙高度，按实砌高度（如同一墙上板高不同时，可按平均高度）计算。

c. 山墙按图示尺寸计算。

3）不同厚度的砖墙、页岩空心砖、轻质砌块、混凝土砌块、空心砖块均以立方米计算。应扣除过人洞、空圈、门窗洞口和单个面积在 0.3m² 以上的空洞所占的体积，以及嵌入墙内的钢筋混凝土柱、梁（包括过梁、圈梁、挑梁）的体积。不扣除梁头、板头、梁垫、擦木、垫木、木楞头、沿椽木、木砖、门窗走头、砖墙面内的加固钢筋、木筋、铁件的体积。突出墙面的窗台虎头砖、压顶线、山墙泛水、门窗套、三皮砖以内的挑檐和腰线等体积亦不增加。

4）砖垛、三皮砖以上的挑檐和腰线的体积，并入墙体积内计算。

5）女儿墙高度，自屋面板上表面算至图示高度，按砖墙项目以立方米计算。

6）围墙砖垛的工程量，并入围墙体积内计算。

7）砖柱以立方米计算，应扣除混凝土或钢筋混凝土梁垫，但不扣除伸入柱内的梁头、板头所占体积。

8）空花墙按空花部分的外形尺寸，不扣除空洞部分，以立方米计算。

（3）其他砌体计算规则。

1）通风井、管道井按其外形体积计算，并入所依附的墙体工程量内，不扣除每一孔洞横断面面积在 0.1m² 以内的体积，但孔洞的抹灰工程量亦不增加。如每一孔洞横断面面积超过 0.1m² 时，应扣除孔洞所占的体积，孔洞内的抹灰应另列项目计算。

2）砖砌沟道不分墙基与墙身，其工程量合并计算。

3）砖砌台阶（不包括梯带）按水平投影面积计算。

4）零星砌体按图示尺寸，以立方米计算。

5）墙面加浆勾缝按墙面垂直投影面积以平方米计算，应扣除墙裙的抹灰面积，不扣除门窗洞口面积、抹灰腰线、门窗套所占面积、抹灰腰线、门窗套所占面积，但附墙垛和门窗洞口侧壁的勾缝面积亦不增加。

6）轻质隔墙板安装按图示尺寸，以平方米计算。

7）成品烟道按图示尺寸以延长米计算，风口、风帽的工程量不另计算。

3. 砌筑工程量计算说明与计算公式

（1）一般说明。

1）各种规格的标准砖、石材和页岩空心砖、空心砌块、混凝土砌块、轻质砌块是按常用规格编制的，规格不同时不做调整。

2）砌筑砂浆的强度等级，如与设计规定不同时，可以按配合比表进行换算。

3）除已列出弧形砌筑项目以外，其他砌筑子目如遇弧形时，弧形部分按相应子目人工乘以系数 1.2。

4）砌墙项目中已包括腰线、窗台线、挑檐线以及门窗框的调整用工。

5）砌体钢筋加固按设计规定的重量，执行"砌体加筋"子目。钢筋制作、运输和安放的用工，以及钢筋损耗已包括在子目中，不另计算。

6）砌体植筋执行混凝土及钢筋混凝土章节中"植筋连接"子目。植筋用的钢筋另行计算，执行"砌体加筋"子目。

（2）砌砖、砌块。

1）页岩空心砖、空心砌块、混凝土砌块、加气混凝土砌块墙体所需的标准砖已综合在子目内，实际用量不同时不得换算。

2）页岩空心砖、空心砌块、混凝土砌块、加气混凝土砌块的零星工程量，按相应定额子目人工费乘以系数1.4，材料乘以系数1.05，其余不变。

3）各种砌筑墙体，不分外墙、内墙、框架间墙，均按不同墙体厚度套相应墙体子目。

4）零星砌体子目适用于：砖砌小便池槽、厕所蹲台、水槽腿、垃圾箱、台阶梯带、阳台栏杆（栏板）、花台、花池、屋顶烟囱、污水斗、锅台、架空隔热板砖墩以及石墙的门窗立边、钢筋砖过梁、砖平暗或单个体积在0.3m²以内的砌体。

5）砖砌台阶子目不包括基础、垫层和填充部分的工料，需要时应分别计算工程量，执行相应子目。

6）轻质隔墙如设计使用钢骨架时，钢骨架执行金属结构墙架子目。

（3）砌石。石墙砌筑以双面露面为准，如一面露面者，执行挡墙、护坡工程相应子目。

（4）有关计算公式。

1）内、外实砌砖墙体工程量计算公式

根据砖墙身工程量计算规范的规定，内、外实砌砖墙体工程量计算公式如下：

内墙体积＝[($L_内$×高＋内山尖面积)－内门窗及0.3m²以上孔洞面积]×墙厚
　　　　－嵌入内墙钢筋混凝土柱、梁的体积＋砖垛、附墙烟囱等体积

外墙体积＝[($L_中$×高＋外山尖面积)－外门窗及0.3m²以上孔洞面积]×墙厚
　　　　－嵌入外墙钢筋混凝土柱、梁的体积＋砖垛、女儿墙、附墙烟囱等体积

2）墙面勾缝面积计算公式

墙面勾缝面积计算公式如下：

$$外墙面勾缝＝L_中×墙高－外墙裙抹灰面积$$

$$内墙面勾缝＝2×L_内×墙高－内墙裙抹灰面积$$

$$砖柱面勾缝＝柱周长×柱高×根数$$

（六）混凝土及钢筋混凝土工程量计算

1．混凝土及钢筋混凝土的分类

混凝土和钢筋混凝土构件，按其材料的不同可分为：素混凝土、钢筋混凝土和预应力钢筋混凝土；按其施工方法的不同可分为：现场捣制混凝土、现场预制混凝土和工厂预制混凝土。

2．混凝土及钢筋混凝土工程项目内容

混凝土及钢筋混凝土工程分为混凝土工程、模板工程和钢筋工程3部分。

3．混凝土及钢筋混凝土计算规则

（1）钢筋计算规则。

1）钢筋、铁件工程量按施工图纸及理论质量以吨计算，项目中已综合考虑了钢筋、铁件的施工损耗，不另计算。

2）计算钢筋工程量时，若设计图有规定钢筋搭接长度的，按设计图规定搭接长度计

算。设计未规定搭接长度的，水平钢筋 φ25 以内的钢筋每 8m 计算一个接头，φ25 以上的钢筋每 6m 计算一个接头，竖向接头按自然层计算接头个数，接头长度按设计或规范计算。箍筋弯钩长度（含平直段 10d）按 27.8d 计算，设计平直段长度不同时，允许换算。

3) 钢筋机械连接不分接头形式，按个计算，钢筋电渣压力焊接头以个计算。该部分钢筋不再计算搭接用量。

4) 预制构件的吊钩、现浇构件中固定钢筋位置的支撑钢筋、双（多）层钢筋用的铁马（垫铁），并入相应钢筋工程量。

5) 先张法预应力钢筋，按构件外形尺寸长度计算。后张法预应力钢筋按设计图规定的预应力钢筋预留孔道长度，并区别不同的锚具类型，分别按下列规定计算：

a. 低合金钢筋两端采用螺杆锚具时，预应力钢筋按预留孔道长度减 350mm，螺杆另行计算。

b. 低合金钢筋一端采用墩头插片，另一端螺杆锚具时，预应力钢筋长度按预留孔道长度计算，螺杆另行计算。

c. 低合金钢筋一端采用墩头插片，另一端采用帮条锚具时，预应力钢筋长度按增加 150mm 计算。两端均采用帮条锚具时，预应力钢筋长度共按增加 300mm 计算。

d. 低合金钢筋采用后张法混凝土自锚时，预应力钢筋长度按增加 350mm 计算。

e. 低合金钢筋或钢绞线采用 JM、XM、QM 型锚具和碳素钢丝采用锥形锚具时，孔道长度在 20m 以内时，预应力钢筋长度增加 1000mm 计算；孔道长度在 20m 以上时，预应力钢筋长度按增加 1800mm 计算。

f. 碳素钢丝两端采用墩粗头时，预应力钢丝长度按增加 350mm 计算。

(2) 现浇钢筋混凝土构件计算规则。混凝土的工程量按图示尺寸以立方米计算。不扣除构件内钢筋、预埋铁件及 0.3m² 以内的孔洞所占体积。

1) 柱的计算规定。按设计断面尺寸乘以柱高，以立方米计算。

a. 柱高的计算规定：

有梁楼板的柱高，应以柱基上表面（或梁板上表面）至上一层楼板上表面高度计算。

无梁楼板的柱高，应以柱基上表面（或梁板上表面）至柱帽下表面高度计算。

有楼隔层的柱高，应以柱基上表面至梁上表面高度计算。

无楼隔层的柱高，应以柱基上表面至柱顶高度计算。

b. 附属于柱的牛腿，应并入柱身体积内计算。

c. 构造柱（抗震柱）应包括"马牙槎"的体积，以立方米计算。

2) 梁的计算规定。按设计断面尺寸乘以梁长，以立方米计算。

a. 梁与柱（墙）连接时，梁长算至柱侧面。

b. 次梁与主梁连接时，次梁长算至主梁侧面。

c. 伸入墙内的梁头、梁垫体积并入梁体积内计算。

d. 梁的高度算至梁顶，不扣除板的厚度。

3) 板的计算规定。板按设计面积乘以板厚，以立方米计算。

a. 有梁板系指梁（包括主梁、次梁，圈梁除外）、板构成整体，其梁、板体积合并计算。

b. 无梁板系指不带梁（圈梁除外）直接用柱支承的板，其柱头（帽）的体积并入楼板计算。

c. 平板系指无梁（圈梁除外）直接由墙支承的板。

d. 伸入墙内的板头并入板体积内计算。

e. 现浇挑檐天沟与板（包括屋面板、楼板）连接时，以外墙外边线为分界线，与圈梁（包括其他梁）连接时，以梁外边线为分界线，边线以外为挑檐天沟。

4）墙的计算规定。混凝土墙按设计中心线长度乘以墙高和墙厚，以立方米计算，扣除单个面积大于 $0.3m^2$ 的孔洞所占体积。

a. 与混凝土墙同厚的暗柱（梁）并入混凝土墙体积内计算。

b. 墙垛与突出部分并入墙体工程量内计算。

5）其他。

a. 整体楼梯（包括休息平台、平台梁、斜梁及楼梯的连接梁）按水平投影面积计算，不扣除宽度小于 500mm 的楼梯井，伸入墙内部分亦不增加。当整体楼梯与现浇楼层无梯梁连接时，以楼梯的最后一个踏步边缘加 300mm 为界。

b. 弧形楼梯（包括休息平台、平台梁、斜梁及楼梯的连接梁）以水平投影面积计算。

c. 台阶混凝土按实体体积以立方米计算，模板按接触面积以平方米计算。

d. 栏杆、栏板工程量以立方米计算，伸入墙内部分合并计算。

e. 雨篷（悬挑板）按伸出外墙的水平投影面积计算，伸出外墙的牛腿不另计算。雨篷的反边按其高度乘长度，并入雨篷水平投影面积内计算。

（3）预制钢筋混凝土构件计算规则。

1）空心板、空心楼梯段应扣除空洞部分体积，以立方米计算。

2）混凝土和钢杆件组合的构件，混凝土部分按实体体积以立方米计算，钢构件按金属工程相应项目计算。

3）预制漏空花格以折算体积计算，每 $10m^2$ 漏空花格折算为 $0.5m^3$ 混凝土。

（4）钢筋混凝土构筑物计算规则。

1）混凝土池底，不分平底、锥底、坡底，均按池底相应项目计算。锥形池底算至壁基梁底，无壁基梁时算至锥形坡底的上口。池壁下部的八字靴，并入池底计算。

2）壁基梁、池壁不分圆形和矩形壁，均按池壁项目计算。

3）无梁池盖的柱高从池底表面算至池盖的下表面，柱帽、柱座应计算在柱体积内。肋形池盖应包括主、次梁的体积。球形盖从池壁顶面开始计算，边侧梁应并入球形盖体积内计算。

4）贮仓立壁和漏斗的分界线，以相互交点的水平线为界，壁上圈梁并入漏斗工程量内计算。

5）水塔筒式塔身以筒座上表面或基础底板上表面为界；柱式（框架式）塔身以柱脚与基础底板或梁顶为界。与基础板相连接的梁并入基础内计算。

6）水塔塔身与水箱底，以水箱底相连接的圈梁下口为界，圈梁底以上为箱底，圈梁底以下为塔身。

7）水塔塔身应扣除门洞口所占体积，依附于塔身的过梁、雨篷、挑檐等并入塔身工程量内计算。柱式塔身不分柱、梁，合并计算。

8）依附于水箱壁的柱、梁等并入水箱壁体积内计算。

（5）构件运输和安装计算规则。

1）预制混凝土构件制作、运输及安装损耗，按下列规定计算后并入构件工程量内：制作废品率0.2%，运输堆放损耗率0.8%，安装损耗率0.5%。其中预制混凝土屋架、桁架、托架及长度在9m以上的梁、板、柱不计损耗率。

2）预制混凝土工字形柱、矩形柱、空腹柱、双肢柱、空心柱、管道支架，均按柱安装计算。

3）组合屋架安装以混凝土部分实体体积分别计算安装工程量。

4. 混凝土与钢筋混凝土工程量计算说明与计算公式

（1）计算说明。

1）混凝土。

a. 混凝土分为自拌混凝土和商品混凝土。自拌混凝土项目包括筛沙子、冲洗石子、后台运输、搅拌、前台运输、清理、湿润模板、浇筑、捣固、养护。商品混凝土项目只包括清理、湿润模板、浇筑、捣固、养护。

b. 预制混凝土项目包括预制厂（场）内构件运输、堆码等工作内容。

2）模板。

模板工程量，除极个别外，都是按混凝土体积计算，并按相应混凝土子目套用定额。一般情况下，即使现场使用模板与定额规定不一致，也不做调整。

3）钢筋。

a. 钢筋项目是按绑扎、电焊（除电渣压力焊和机械连接）综合编制的，实际施工不同时，不做调整。

b. 钢筋的施工损耗和钢筋除锈用工，已包括在项目中，不另计算。

c. 预应力预制构件中的非预应力钢筋，执行预制构件钢筋相应子目。

d. 弧形钢筋按相应子目人工乘以系数1.20。

e. 混凝土植筋不含植筋用钢筋，其钢筋按现浇钢筋子目执行。

4）现浇混凝土构件。

a. 现浇混凝土薄壁柱适用于框架结构体系中的薄壁结构柱。单肢：肢长不大于肢宽4倍的按薄壁柱计算，肢长大于肢宽4倍的按墙计算；多肢：肢总长不大于2.5m的按薄壁柱计算，肢总长大于2.5m的按墙计算。

b. 异形梁项目适用于梁横断面为T形、L形、十字形的梁。

c. 弧形楼梯的折算厚度为160mm，直形楼梯的折算厚度为200mm。设计折算厚度不同时，执行相应增减子目。

d. 现浇零星项目适用：小型池槽、压顶、垫块、扶手、门框、阳台立柱、栏杆、栏板、挑出墙外宽度小于500mm的线（角）、板（包含空调板、阳光窗、雨篷）以及单个体积不超过0.02m³的现浇构件等。

e. 挑出墙外宽度大于500mm的线（角）、板（包含空调板、阳光窗、雨篷）执行悬挑板项目。

f. 三面挑出墙外的阳台执行悬挑板项目，其余阳台并入有梁板工程量计算。

g. 如果现浇有梁板中的梁和板的混凝土设计强度不一致，应分别计算梁、板工程量。现浇梁工程量乘以系数 1.06，现浇板工程量应扣除现浇梁所增加的工程量，执行相应有梁板项目。

h. 凸出混凝土墙的柱，如果凸出部分大于或等于墙厚的 1.5 倍，其凸出部分执行现浇筑项目。

i. 柱（墙）与梁的混凝土强度不一致时，有设计的按设计计算，无设计的按柱（墙）边 300mm 距离加 45°角计算。

5）预制构件。

a. 预制零星构件适用于：小型池槽、扶手、压顶、漏空花格、垫块以及单件体积在 0.05m³ 未列出项目的构件。

b. 预制板的现浇板带执行现浇混凝土平板项目。

c. 构件按形式和外形尺寸划分为三类，分别计算相应运输费用。

d. 小型构件安装子目适用于单体小于 0.1m³ 的构件安装。

（2）混凝土工程量计算公式。

计算混凝土工程量时应将现浇、预制、预应力混凝土分开计算，并各自按不同强度等级分别汇总。

计算现浇构件时，应严格按计算规则确定的分界线计量。

计算预制构件时，要注意制作、运输和安装损耗的计算。设预制构件的图示体积为 V，则制作、运输、安装及接头灌浆工程量分别为：

$$制作工程量 = V \times (1 + 1.5\%)$$
$$运输工程量 = V \times (1 + 1.3\%)$$
$$安装及接头灌浆工程量 = V \times (1 + 0.5\%)$$

混凝土一般是按图示尺寸以体积计算，而某些构件是以水平投影面积或构件外围面积计算的。例如：阳台、雨篷（悬挑板）、弧形楼梯、预制花格窗等。

整体现浇楼梯（包括休息平台、平台梁、斜梁、及楼梯的连接梁）按水平投影面积计算，不扣除宽度小于 500mm 的楼梯井，伸入墙内部分也不增加。预制装配式楼梯应分别计算各个构件（梯段、斜梁、踏步等）的体积，分别套用不同定额子目。

（3）钢筋工程量计算公式。

1）钢筋工程量的计算。

钢筋工程量是按吨或千克计算的。在计算钢筋工程量时，按照施工图纸和有关规定计算出钢筋的长度，以此长度乘以相应规格钢筋的单位质（重）量，所得结果就是钢筋工程量。计算公式如下：

钢筋工程量 = 钢筋单位质（重）量 × 按照施工图纸和有关规定计算出的钢筋长度。

直钢筋长度 = 构件长度 - 构件两端混凝土保护层厚度

2）弯起钢筋的计算。

弯起钢筋的增加长度与钢筋弯起坡度有关，一般为 45°；当梁较高时为 60°，当梁较低时为 30°。计算公式如下：

弯起钢筋长度＝构件长度－保护层厚度＋弯起钢筋的增加长度

3）箍筋的计算。

构件中的箍筋计算公式如下：

$$单根箍筋长度＝箍筋的内周长＋长度调整值$$

$$箍筋数量＝\frac{构件长度－保护层厚度}{箍筋间距值}＋1$$

（七）金属结构工程量计算

1. 金属结构工程项目内容

金属结构工程量主要包括金属结构工程的制作、运输、安装和铝合金制品（门窗）等工程量计算。

2. 金属结构工程量计算规则

（1）金属结构制作计算规则。

1）金属结构的制作工程量按理论质量以吨计算。型钢按设计图纸的规格尺寸计算（不扣除孔眼、切肢、切边的质量）。钢板按几何图形的外接矩形计算（不扣除孔眼质量）。

2）计算钢柱制作工程量时，依附于柱上的牛腿及悬臂梁的主材质量，应并入柱身主材质量内计算。

3）计算钢墙架制作工程量时，应包括墙架柱、墙架梁及连系拉杆主材质量。

4）实腹柱、吊车梁、H形钢的腹板及翼板宽度按图示尺寸每边增加25mm计算。计算钢漏斗制作量时，依附于漏斗的型钢应并入漏斗工程量内。

5）喷砂除锈按金属结构的制作工程量以吨计算。抛丸除锈按金属结构的面积以平方米计算。工程量按表2-12进行换算。

表2-12   金属面工程量系数表

序号	项 目 名 称	系数	工程量计算基础
1	钢屋架、天窗架、挡风架、屋架梁、支撑、檩条	38.00	
2	墙架（空腹式）	19.00	
3	墙架（格板式）	31.16	
4	钢柱、吊车梁、花式梁、柱、空花构件	23.94	
5	操作台、走台、制动梁、钢梁车挡	26.98	质量/t
6	钢栅栏门、栏杆、窗栅	64.98	
7	钢爬梯	44.84	
8	轻型屋架	53.96	
9	踏步式钢扶梯	39.90	
10	零星铁件	50.16	

6）钢屋架、托架制作平台摊销工程量按钢屋架、托架工程量计算。

（2）金属构件运输、安装计算规则。金属构件的运输、安装工程量等于制作工程量，以吨计算。不增加焊条或螺栓质量。

3. 金属结构工程量计算说明

(1) 金属构件制作。

1) 金属构件制作项目适用于现场和加工厂制作的构件。

2) 构件制作包括分段制作和整体预装配的人工、材料及机械台班用量，整体预装配用的螺栓已包括在项目内。

3) 除注明外，构件制作均包括现场（工厂）内的运输、号料、加工、组装及成品堆放、装车出厂等全部工序。

4) 构件制作均包括除锈刷一遍防锈漆的工料。除锈按手工除锈编制，除锈方式不一致时，允许调整。调整时应扣除每 t 手工除锈的用工 3.4 工日。

5) 本分部的钢栏杆仅适用于工业厂房平台、操作台的栏杆，民用建筑钢栏杆执行楼地面工程相应子目。

6) 混凝土柱上的钢牛腿、加工铁件（自制门门闩、门轴、垃圾道门）、阳台晒衣架、钢垃圾倾倒口及其他零星钢构件执行零星钢构件项目。

7) 混凝土柱与柱、柱与梁、梁与梁之间连接的型钢连接件制作、安装，执行混凝土及钢筋混凝土预埋铁件制作、安装子目。

(2) 金属构件运输。

1) 金属构件运输按表 2-13 分类。

表 2-13   金属构件运输分类表

类　别	构 件 名 称
I	钢柱、屋架、托架梁、防风桁架
II	吊车梁、制动梁、型钢檩条、钢支撑、上下档、钢拉杆、栏杆、盖板、垃圾出灰门、倒灰门、箅子、爬梯、零星构件、平台、操作台、走道休息台、扶梯、钢吊车梯台、烟囱紧箍咒
III	墙架、挡风架、天窗架、组合檩条、轻型屋架、滚动支架、悬挂支架、管道支架

2) 构件长度大于 14m 的，根据施工组织设计按实计算。

(3) 金属构件安装。建筑物金属构件拼装、安装需搭设的脚手架已包括在综合脚手架内，不另计算。

(八) 门窗、木结构工程量计算

1. 木结构工程量计算内容

木结构工程主要包括木门窗制作及安装、木装修、木间壁墙、木天棚、木楼地楞及木地板、木屋架等工程量计算。

2. 门窗、木结构工程量计算规则

(1) 门、窗计算规则。

1) 各种木、钢门窗制作安装，成品门窗安装工程量均按门窗洞口面积以平方米计算。

2) 单独制作安装木门窗框按门窗洞口面积以平方米计算；单独制作木门窗扇按扇外围面积以平方米计算。

3) 有框厂库房大门和特种门按洞口尺寸以平方米计算，无框的厂库房大门和特种门按门扇外围面积计算。

4）普通窗上部带有半圆窗的工程量应分别按半圆窗和普通窗计算。其分界线以普通窗和半圆窗之间的横框上的裁口线为分界线。

5）门窗贴脸按图示尺寸以延长米计算。

6）成品门窗塞缝按门窗洞口尺寸以延长米计算。

7）门锁安装按把计算。

8）门窗运输按门窗洞口面积以平方米计算。

（2）木结构计算规则。

1）木屋架制作安装均按设计断面以立方米计算，其后备长度及配件损耗不另计算。附属于屋架的木夹板、垫木等已并入相应的屋架制作项目中，不另计算；与屋架相连的挑沿木、支撑等，其工程量并入屋架体积内计算。

2）屋架的马尾、折角和正交部分的半屋架，并入相连接屋架的体积内计算。

3）钢木屋架区分圆、方木，按设计断面以立方米计算，圆木屋架连接的挑檐木、支撑等为方木时，其方木部分乘以系数1.58折合成圆木并入屋架体积内。单独的方木挑檐，按矩形檩木计算。

4）檩木按设计断面以立方米计算，简支檩长度按设计规定计算，设计无规定者，按屋架或山墙中距增加200mm计算，如两端出山，檩条长度算至博风板；连续檩条的长度按设计长度计算，其接头长度按全部连续檩木总体积的5%计算。檩条托木已计入相应的檩木制作安装项目中，不另计算。

5）屋面木基层，按屋面的斜面积以平方米计算，天窗挑檐重叠部分按设计规定计算，屋面烟囱及斜沟部分所占面积不扣除。

6）屋檐板按图示檐口外围长度计算，博风板按斜长计算，由大刀头者每个大刀头增加长度500mm计算。

7）木楼梯按水平投影面积计算，不扣除宽度小于300mm的楼梯井，其踢脚板、平台及伸入墙内部分不另计算。

计算木屋架时，应根据屋架的不同类型、跨度，分别确定出各杆件的长度，然后按公式计算所需材积。

3. 门窗、木结构工程量计算说明与计算方法

（1）有关说明。

1）本分部是按机械和手工综合编制的，不论实际采用何种操作方法，均不做调整。

2）木材断面或厚度均以毛断面为准。如设计图纸注明的断面或厚度为净料时，应增加刨光损耗：板、仿材一面刨光增加3mm，两面刨光增加5mm，原木每立方米增加体积0.05m³。

3）原木加工成锯材的出材率为63%，方木加工成锯材的出材率为85%。

4）门窗安装项目内已包括门窗框刷防腐油、安木砖、框边塞缝、装玻璃、钉玻璃压条或嵌油灰以及安装一般五金等的工料。

5）门窗一般五金包括：普通折页、插销、风钩、普通翻窗折页、门板扣和镀铬弓背拉手。使用以上五金不得调整和换算。如采用贵重五金时，其费用可另行计算，但不增加安装人工工日，同时项目中已包括的一般五金材料费也不扣除。

（2）门窗工程量计算方法。

1）按门窗统计表计算。

2）按建筑平面图、剖面图所给尺寸计算。

3）按门窗代号计算。

（九）楼地面工程量计算

1. 楼地面工程量计算内容

楼地面工程量计算主要包括垫层、找平层、整体面层（砂浆地面、混凝土地面、水磨石地面等）、块料面层（马赛克、地砖、石材、木地砖等）、楼梯面层、散水、台阶、栏杆扶手、明沟等项目。

2. 楼地面工程计算规则

（1）垫层、找平层、面层计算规则。

1）地面垫层工程量按室内主墙间净空面积乘以设计厚度以立方米计算；找平层、整体面层按主墙间净空面积以平方米计算。均应扣除凸出地面的构筑物、设备基础、室内铁道、地沟等所占的体积（面积），但不扣除柱、垛、间壁墙、附墙烟囱及面积在 0.3m² 以内孔洞所占体积（面积），而门洞、空圈、暖气包槽、壁龛的开口部分的体积（面积）亦不增加。

2）块料面层，按图示尺寸实铺面积以平方米计算，门洞、空圈、暖气包槽、壁龛等的开口部分的工程量并入相应的面层内计算。

3）楼梯面层（包括踏步、休息平台、锁口梁）按水平投影面积计算。整体面层楼梯井宽度在 500mm 以内者，块料面层楼梯井宽度在 200mm 以内者不予扣除。

4）踢脚线按主墙间净长以延长米计算，洞口及空圈长度不予扣除，但洞口、空圈、垛、附墙烟囱等侧壁长度亦不增加。

5）防滑条按楼梯踏步两端距离减 300mm 以延长米计算。

6）台阶按水平投影面积计算，包括最上层踏步沿 300mm。

（2）其他。

1）散水、防滑坡道面层按水平投影面积计算。

2）明沟及排水沟安装成品算子按图示尺寸以延长米计算。

3）栏杆、扶手包括弯头长度按延长米计算。

4）扶手弯头以个计算。

3. 楼地面工程量计算说明

（1）整体面层、找平层的配合比与定额不同时，允许换算。

（2）整体面层、块料面层的结合层及找平层的砂浆厚度不得换算。

（3）水泥砂浆整体面层增减厚度执行水泥砂浆找平层项目每增减 5mm 计算。

（4）楼梯面层项目均不包括防滑条工料，如设计规定做防滑条时，另行计算。

（5）水磨石整体面层如用金属嵌条时，应取消项目中玻璃消耗量，金属嵌条按设计要求计算，执行相应嵌条金属项目。

（6）水磨石面层如需打蜡时，按相应的打蜡项目计算。

（7）块料面层踢脚线均按高度 150mm 编制，如设计规定高度与项目不同时，定额项目中按高度比例进行增减调整。

(8) 块料面层的材料规格不同时，材料用量不得调整。

(9) 块料面层的"零星项目"适用于小便池、蹲位、池槽等。

(十) 屋面工程量计算

1. 屋面工程量计算内容

屋面工程量计算主要包括瓦屋面、彩钢板及压型板屋面，卷材屋面、涂膜及刚性屋面，墙、地面防水（防潮），变形缝、屋面排水等的工程量计算。

2. 屋面工程量计算规则

(1) 瓦屋面彩钢板及压型板屋面。瓦屋面、彩钢板及压型板屋面均按设计图示尺寸以斜面积计算。亦可按屋面水平投影面积乘以屋面坡度系数以平方米计算。不扣除房上烟囱、风帽底座、风道、屋面小气窗、斜沟等所占面积，屋面小气窗的出檐部分亦不增加面积。

(2) 卷材、涂膜及刚性屋面。

1) 卷材、涂膜屋面按实铺面积以平方米计算。不扣除房上烟囱、风帽底座、风道、斜沟、变形缝所占面积，屋面的女儿墙、伸缩缝和天窗等处的弯起部分，按图示尺寸并入屋面工程量计算。如图纸无规定时，伸缩缝、女儿墙的弯起部分可按 250mm 计算，天窗弯起部分可按 500mm 计算。

2) 刚性防水屋面按设计水平投影面积以平方米计算，泛水和刚性屋面变形缝等弯起部分或加厚部分已包括在项目内。挑出墙外的出檐和屋面天沟，另按相应项目计算。

(3) 墙、地面防水（防潮）。

1) 建筑物地面防水、防潮层，按主墙间净空面积计算，扣除凸出地面的构筑物、设备基础等所占的面积，不扣除柱、垛、间壁墙、烟囱及 0.3m² 以内孔洞所占面积。与墙面连接处上卷部分按展开面积并入防水防潮层计算，超过 500mm 时，按立面防水防潮层计算。

2) 建筑物墙基防水、防潮层，外墙长度按中心线，内墙按净长，乘墙宽以平方米计算。

3) 构筑物及建筑物地下室防潮层，按设计展开面积以平方米计算，但不扣除单个面积在 0.3m² 以内的空洞所占面积。

(4) 变形缝。变形缝按延长米计算。

(5) 屋面排水。

1) 铸铁、塑料水落管按图示尺寸以延长米计算，如设计未标注尺寸，以檐口至设计室外散水上表面垂直距离计算。铸铁管中的雨水口、水斗、弯头等管件所占长度不扣除，管件按个计算。

2) 铁皮排水按图示尺寸以展开面积计算。如图纸没有注明尺寸时，可按铁皮排水单体零件折算表（表 2-14）计算。

3. 屋面工程量计算说明

(1) 瓦屋面、彩钢板及压型屋面。

1) 瓦屋面的屋脊和出瓦线均已包括在项目内，不另计算。

表 2 - 14　　　　　　　　　　　　　铁皮排水单体零件折算表

项目名称	天沟	斜沟、天窗窗台、泛水	天窗侧面泛水	烟囱泛水	通气道泛水	滴水檐泛水	滴水
折算面积 /(m² · m⁻¹)	1.30	0.50	0.70	0.80	0.22	0.24	0.11

2）大波、中波、小波石棉瓦屋面均执行石棉瓦项目。石棉瓦规格与项目规定不同时，瓦材数量可以换算，其他不变。

3）玻璃钢瓦铺在混凝土檩子上，按铺在钢檩上项目计算。

4）屋面彩瓦项目中，彩瓦按无搭接编制。如设计要求搭接时，彩瓦耗量允许调整，人工乘以系数 1.2，砂浆乘以系数 1.1，其他不变。

（2）卷材、涂膜及刚性屋面。

1）所有防水卷材冷贴满铺执行同一子目，材料品名、规格、消耗量不同时，允许换算，人工不变。

2）聚氨酯、981 高分子防水卷材及水泥基防水涂料等均执行涂膜防水子目，材料用量不同时允许换算，其他不变。

3）卷材、涂膜屋面的附加层、接缝、收头、找平层的嵌缝油膏及冷底子油的工料已包括在项目内，不另计算。

4）定额中的"二布三涂"或"每增减一布一涂"项目，是指涂料构成防水层数，并非指涂刷遍数。

（3）墙、地面防水（防潮）层。

1）防水（防潮）层适用于墙基、墙身、楼地面、厨卫、构筑物等防水（防潮）工程。

2）防水卷材的附加层、接缝、收头、冷底子油的工料已包括在项目内，不另计算。

（4）屋面排水。

1）铁皮排水项目中的铁皮咬口、卷边、搭接的工料，均已包括在项目内，不另计算。

2）塑料水斗、塑料弯管已综合在塑料水落管项目内，不另计算。

（5）其他。

1）屋面砂浆找平层执行楼地面相应子目。

2）屋面保温层执行防腐隔热保温相应子目。

（十一）防腐、隔热、保温工程量计算

1. 防腐、隔热、保温工程量计算内容

防腐、隔热、保温工程主要包括整体面层（砂浆、混凝土和胶泥面层）、隔离层、块料面层（瓷砖、瓷板、铸石板及花岗岩板）、涂料及保温隔热等项目。

2. 防腐、隔热、保温工程量计算规则

（1）耐酸、防腐工程量计算规则。

1）防腐工程应分别不同防腐材料种类及其厚度，按设计实铺面积以平方米或立方米计算。

2）踢脚板按设计图示尺寸（长度乘以高度）以平方米计算，应扣除门洞所占面积，并相应增加门洞侧壁的面积。

3）平面砌筑双层耐酸块料时，按单层面积乘以系数2。

4）防腐卷材接缝、附加层、收头等工料已包括在项目内，不另计算。

（2）保温、隔热工程量计算规则。

1）保温隔热层应分不同保温隔热材料（除另有规定者外），按设计图示尺寸以立方米计算。

2）保温隔热层的厚度按隔热材料（不包括胶结材料）净厚度计算。

3）地面隔热层（除另有规定者外）按围护结构墙体间净面积乘以设计厚度以立方米计算，不扣除柱、垛所占的体积。

4）墙体隔热层，外墙按隔热层中心线、内墙按隔热层净长乘以图示尺寸的高度及厚度以立方米计算。应扣除冷藏门洞口和管道穿墙洞口所占的体积。

5）柱包隔热层（除另有规定者外）按图示柱的隔热层中心线的展开长度乘图示尺寸高度及厚度以立方米计算。

6）屋面聚苯保温板、保温砂浆（胶粉聚苯颗粒）按设计图示尺寸以平方米计算，不扣除单个面积在0.3m² 以内的孔洞所占面积。

7）外墙面保温层（含界面砂浆、胶粉聚苯颗粒、网格布或钢丝网、抗裂砂浆）按设计图示尺寸以平方米计算，应扣除门窗洞口、空圈和单个面积在0.3m² 以上的孔洞所占面积。门窗洞口、空圈的侧壁、顶（底）面和墙垛按设计要求做保温时，并入墙保温工程量内。

8）其他保温隔热：

a. 池槽隔热层按图示尺寸以立方米计算。其中池壁按墙体相应子目计算，池底按地面相应子目计算。

b. 门洞侧壁周围的隔热部分（除另有规定者外），按设计图示隔热层尺寸以立方米计算，并入墙面的保温隔热工程量内。

c. 柱帽保温隔热层按设计图示保温隔热层体积并入天棚保温隔热层工程量内。

3. 防腐、隔热、保温工程量计算说明

（1）耐酸、防腐。

1）整体面层、隔离层适用于平面、立面和池、槽、坑的防腐耐酸工程。

2）各种砂浆、胶泥，混凝土材料的种类、配合比，各种整体面层的厚度，块料面层的规格，结合层砂浆或胶泥厚度，如设计规定与项目不同时，可以调整。

3）各种面层（除软聚氯乙烯塑料地面外）均不包括踢脚板的工料消耗。若设计有整体面层踢脚板时，按整体面层相应子目执行，人工乘以系数1.6，其余不变。

4）铺砌块料面层项目是以平面编制的，铺砌立面时按平面相应项目，人工乘以系数1.38，踢脚板人工乘以系数1.56，其余不变。

（2）保温隔热。

1）保温层的保温材料配合比若设计规定与项目不同时，可以调整。

2）本实训只包括保温隔热材料的铺（粘）贴、抹面，不包括隔气防潮、保护层或衬墙砌筑等。

3）玻璃棉、矿渣棉包装材料和人工均已包括在项目内，不另计算。

4）墙体铺贴快体材料，已包括基层涂沥青一遍。

5）圆（弧）形外墙面保温层，按外墙面保温层中相应子目人工乘以系数1.15。

（十二）装饰工程量计算

1. 装饰工程量计算内容

装饰工程主要包括室内外的一般抹灰（砂浆类、石灰砂浆、水泥砂浆、混合砂浆、其他砂浆及勾缝等），装饰抹灰（水刷石、干粘石、斩假石、水磨石、拉毛、弹涂、滚涂及喷涂等），镶贴块料面层（马赛克、瓷砖、面砖、预制），油漆涂料（木材面、金属面、抹灰面的油漆及喷、刷浆），以及裱糊等项目。

2. 装饰工程量计算规则

（1）一般规则。抹灰工程量均应按设计结构尺寸（有保温、隔热、防潮层者按其外表面尺寸）计算。镶贴块料面层和各种装饰材料面层的工程量按设计图示尺寸以平方米计算（不扣除勾缝面积）。

（2）墙、柱面装饰。

1）内墙面（内墙裙）抹灰面积，应扣除门窗洞口和空圈所占面积，不扣除踢脚板、挂镜线、单个面积在 0.3m² 以内的孔洞和墙与梁头交接处的面积，但门窗洞口、空圈侧壁和顶（底）面亦不增加。墙垛和附墙烟囱侧壁面积与内墙抹灰工程量合并计算。

2）内墙面抹灰的长度，以墙与墙间图示净长尺寸计算（1/2墙所占面积不扣除）。其高度按下列规定计算：

a. 无墙裙的，其高度按室内地面或楼面至天棚底面之间的距离计算。

b. 有墙裙的，其高度按墙裙顶至天棚底面之间的距离计算。

c. 有吊顶天棚的内墙抹灰，其高度按室内地面或楼面至天棚底面另加 100mm 计算（有设计要求的除外）。

3）外墙面（外墙裙）抹灰面积，应扣除门窗洞口、空圈和单个面积在 0.3m² 以上孔洞所占面积。门窗洞口、空圈侧壁和顶面（底面）和墙垛（含附墙烟囱）侧壁面积与外墙面（外墙裙）抹灰工程量合并计算。

4）抹灰、水刷石、块料面层的"零星项目"按展开面积以平方米计算，抹灰中的"装饰线条"按米计算。

5）单独的外窗台抹灰长度，如设计图纸无规定时，可按窗洞口宽两边共加 200mm 计算。

6）墙（墙裙）、柱（梁）面中装饰龙骨、基层、面层的工程量按设计饰面尺寸展开面积以平方米计算。

7）木骨架玻璃隔断、塑钢隔断等按框按设计图示尺寸以平方米计算。应扣除门窗洞口、空圈及单个面积在 0.3m² 以下孔洞所占面积。门窗另行计算。

（3）天棚装饰。

1）天棚抹灰的工程量按墙与墙间的净面积以平方米计算，不扣除柱、附墙烟囱、垛、管道孔、检查口、单个面积在 0.3m² 以上孔洞及窗帘盒所占的面积。有梁板（含密肋梁板、井字梁板、槽形板等）底的抹灰按展开面积以平方米计算，并入天棚抹灰工程量内。

2）天棚抹灰按主墙间净空面积以平方米计算，不扣窗帘盒、检查口、柱、附墙烟囱、垛和管道所占面积；天棚基层、面层按设计图示尺寸展开面积以平方米计算，不扣除附墙烟囱、垛、检查口、管道、灯孔所占面积，但应扣除单个面积在 $0.3m^2$ 以上的孔洞、独立柱、灯槽及天棚相连的窗帘盒所占的面积。

3）檐口天棚、凸出墙面宽度在 500mm 以上的挑板抹灰应并入相应的天棚抹灰工程量内计算。

4）阳台底面抹灰按水平投影面积以平方米计算，并入相应天棚抹灰面积内。阳台带悬臂梁者，其工程量乘以系数 1.30。

5）雨篷底面或顶面抹灰分别按水平投影面积（拱形雨篷按展开面积）以平方米计算，并入相应天棚抹灰面积内。雨篷顶面带反沿或反梁者，其顶面工程量乘系数 1.20；底面带悬臂梁者，其底面工程量乘以系数 1.20。

6）楼梯底面的抹灰工程量（包括楼梯休息平台）按水平投影面积计算，有斜平顶的乘以系数 1.3，有锯齿形顶的乘以系数 1.5，并入相应天棚抹灰工程量内。

（4）油漆、涂料、裱糊。

1）刮腻子、刷油漆及涂料、裱糊用于天棚面、墙、柱、梁面时，其工程量按相应的抹灰工程量计算规则计算。

2）龙骨、基层板刷防火涂料（防火漆）的工程量按相应的龙骨、基层板工程量计算规则计算。

3）木材面、金属面油漆工程量按规定的计算方法计算，并乘以相应系数。

3．装饰工程量计算说明

（1）一般说明。

1）砂浆种类、配合比、饰面材料及型材的规格、型号，若设计规定与定额项目不同时，可以调整，人工、机械不变。

2）抹灰项目中抹灰是按普通抹灰编制的，若设计为高级抹灰时，按相应子目人工及机械乘以系数 1.2，材料乘以系数 1.3。

3）抹灰、镶贴块料的基层找平抹灰均不包括刷素水泥浆、建筑胶水泥浆、界面（处理）剂，如设计要求时，按相应子目执行。

（2）墙、柱面装饰。

1）抹灰中"零星项目"适用于：各种壁柜、碗柜、池槽、暖气壁龛、阳台栏板（栏杆）、雨篷线、天沟、扶手、花台、梯帮侧面、遮阳板等凸出墙面宽度在 500mm 以内的挑板，展开宽度在 300mm 以上的线条及单个面积在 $1m^2$ 以内的抹灰。

2）抹灰中"装饰线条"适用于：挑檐线、腰线、窗台线、门窗套、压顶、宣传栏的边框及展开宽度在 300mm 以内的线条等抹灰。

3）水刷石、镶贴块料面层中"零星项目"适用于：挑檐线、腰线、空调板、窗台线、雨篷线、门窗套、天沟、挡（滴）水线、扶手、压顶、花台、阳台栏板（栏杆）和遮阳板等凸出墙面宽度在 500mm 以内的挑板及单个面积在 $1m^2$ 以内的项目。

4）抹灰项目已包括护角工料，不另计算。

5）外墙抹灰已包括分格起线工料，不另计算。

6）内墙面砖目中未包括压顶线、阴（阳）角线，如设计要求时，按相应子目执行。

7）外墙面砖项目中灰缝宽度是按 5mm 编制的，如设计规定不同时，块料和灰缝材料可以调整，其余不变。调整公式如下［面砖损耗率：墙面 3.5%，柱（梁）面 7%，零星项目 15%，砂浆 2%］：

100m² 块料用量＝100m²×（1＋损耗率）/［（块料长＋块料宽）×（块料宽＋灰缝宽）］

100m² 灰缝用量＝（100m²－块料长×块料宽×100m² 相应灰缝的块料净用量）

×灰缝深×（1＋损耗率）

8）墙垛凸出墙面的尺寸在 250mm 以上做块料面层时，按柱面相应项目执行。

（十三）其他工程量计算

1. 其他工程项目内容

其他工程包括垂直运输、建筑超高降效、起重机基础、大型（特大型）机械安装拆卸及场外运输等项目。

2. 其他工程量计算规则

（1）垂直运输及超高人工、机械降效。

1）建筑物垂直运输和超高人工、机械降效，均按综合脚手架计算规定计算面积。同一建筑物檐高不同时，不分结构（单层工业厂房除外）、用途分别按不同檐高项目计算。

2）构筑物垂直运输按座计算。

（2）起重机基础。

1）起重机固定式基础按座计算。

2）轨道式基础（双轨）按米计算。

（3）特、大型机械安装拆卸及场外运输。特、大型机械安装拆卸及场外运输按台次计算。

3. 其他工程量计算说明

（1）垂直运输及超高人工、机械降效。

1）垂直运输及超高人工、机械降效包括单位工程在合理工期内完成全部工程项目所需的垂直运输机械台班费，建筑物檐口高度在 20m 以上的人工、机械降效及加压水泵的增加费。不包括机械的场外运输、一次安装拆卸和路基铺垫和轨道铺拆等的台班费。

2）建筑物的檐高，指设计室外地坪至檐口的高度，不包括突出建筑物屋顶的电梯间、楼梯间等的高度。但突出主体建筑物顶能计算建筑面积的电梯间、水箱间等，应分别计入不同檐口高度总面积内。构筑物的高度，指设计室外地坪至构筑物顶面的高度，顶面非水平的以结构的最高点为准。

3）凡建筑物檐口高度超过 20m 以上者都应计算建筑物超高人工、机械降效费。建筑物垂直运输及超高人工、机械降效的面积按脚手架工程综合脚手架面积执行。

地下室工程的垂直运输项目按"建筑面积计算规则"确定的面积计算，并入上层工程量内，套用相应定额。若垂直运输机械布置于地下室底层时，高度应以布置点的地下室底板顶标高至檐口的高度计算，执行相应檐口高度的垂直运输子目。

4）同一建筑物有几个不同室外地坪和檐高时，应按相应的设计室外地坪标高至檐口

54

高度分别计算工程量，执行不同檐高子目。

5）檐高 3.6m 以内的单层建筑，不考虑垂直运输机械。

（2）起重机基础及轨道铺设与拆除。

1）轨道是按直线双轨（轨重 43kg/m）编制的。如铺设弧形线形时，乘以系数 1.15。

2）起重机基础混凝土体积是按 10m³ 以内综合编制的，实际施工塔机基础混凝土体积超过 10m³ 时，超过部分执行"混凝土及钢筋混凝土"工程相应项目。基础的土石方开挖已含在消耗量中，不另计算。

3）自升式塔式起重机是按固定式基础、带配重确定的。基础如需打桩时，其桩基础项目另执行"基础工程"相应子目。不带配重的自升式塔式起重机固定式基础，按施工组织设计或方案另行计算。

4）施工电梯和混凝土搅拌站的基础按"基础工程"相应项目计算。

（3）特、大型机械安装及拆卸。

1）自升式塔机安装拆卸费是以塔高 45m 确定的，如塔高超过 45m 时，每增加 10m，安装拆卸项目增加 20%。

2）塔机安装拆卸高度按建筑物塔机布置点地面至建筑物结构最高点加 3m 计算。

3）安拆台班中已包括机械安装完毕后的试运转台班，不另计算。

（4）特、大型机械场外运输。

1）机械场外运输费用是按运距 25km 考虑的。

2）机械场外运输费用内综合考虑了机械施工完毕后回程的费用，不另计算。

3）自升式塔机是以塔高 45m 确定的，如塔高超过 45m 时，每增高 10m，场外运输费用增加 10%。

学习单元七　工程量清单计价

一、工程量清单计价的一般概念

工程量清单是指建设工程的分部分项工程项目、措施项目、其他项目等的名称和相应数量等的明细清单。

采用工程量清单计价，其费用包括：分部分项工程费、措施项目费、其他项目费、零星工作项目费。

二、工程量清单计价与定额计价的区别和联系

（一）工程量清单计价与定额计价的区别

1. 计价模式不同

（1）费用构成形式不同。

（2）计价依据不同。

（3）"量""价"确定方式、方法不同。

2. 反映的成本价不同

工程量清单计价反映是个别成本，定额计价反映的是社会平均成本。

3. 风险的承担人不同

定额计价风险承担与合同形式、合同价的确定方式有关，工程量清单计价模式下实行风险共担、合理分摊的原则。

4. 项目名称划分不同

定额计价模式中项目名称按"分项工程"划分，工程量清单计价中项目名称按"工程实体"划分。

5. 工程量计算规则由原则上的不同

定额模式下的工程量计算规则计算的工程数量，是施工时的实际数量；工程量清单模式下的工程量计算规则，不考虑施工因素，是设计数量。

（二）工程量清单计价与定额计价的联系

（1）两种计价模式均采用综合单价法。

（2）工程量清单计价，企业需要根据自己的企业实际消耗成本报价，在目前多数企业没有企业定额的情况下，参考现行全国统一定额或各地区建设行政主管部门发布的定额，所以工程量清单的编制与计价，与定额有着密不可分的联系。

三、实行工程量清单计价的目的和意义

（1）工程量清单计价，是社会主义市场经济发展的需要。

（2）实行工程量清单计价，是适应我国加入 WTO、融入世界大市场的需要。

（3）实行工程量清单计价，是促进建设市场有序竞争和企业健康发展的需要。

（4）实行工程量清单计价，是适应我国工程造价管理政府职能转变的需要。

四、水利工程工程量清单计价规范

本规范是根据建设部建标〔2006〕136 号"关于印发《2006 年工程建设标准规范制订、修订计划（第二批）》的通知"的有关要求，按照《中华人民共和国招标投标法》和《建设工程工程量清单计价规范》（GB 50500—2003），结合水利工程建设的特点，由水利部组织北京峡光经济技术咨询有限责任公司和长江流域水利建设工程造价（定额）管理站会同有关单位制定的。

本规范编制过程中，在遵循《建设工程工程量清单计价规范》（GB 50500—2003）的编制原则、方法和表现形式的基础上，充分考虑了水利工程建设的特殊性，总结了长期以来我国水利工程在招标投标中编制工程量计价清单和施工合同管理中计量支付工作的经验，注意与《水利水电工程施工合同和招标文件示范文本》之间的协调与整合。在本规范编制过程中，广泛征求了有关建设单位、施工单位、设计单位、咨询单位和相关部门的意见，并经过多次研讨和修改。

本规范共分为五章和两个附录，包括总则、术语、工程量清单编制、工程量清单计价、工程量清单及其计价格式、附录 A 水利建筑工程工程量清单项目及计算规则、附录 B 水利安装工程工程量清单项目及计算规则等内容。

本规范适用于水利枢纽、水力发电、引（调）水、供水、灌溉、河湖整治、堤防等新建、扩建、改建、加固工程的招标投标工程量清单编制和计价活动。

本规范中以黑体字标示的条文为强制性条文，必须严格执行。

学习单元八 工程总概算的编制

水利工程设计概算应根据水利部水总〔2002〕116号文件《水利工程概（估）算编制规定》进行编制。

一、编制原则、依据、编制程序

（一）编制原则

（1）遵守国家法律法规，执行水利行业规定，按照基本建设程序进行编制。兼顾国家、投资人和承包人各方利益。

（2）基础价格定价合理，符合社会主义市场经济环境，贴近市场。重点做好主要材料及主要工程单价的调研分析和编制工作，确保编制质量。

（3）工程造价文件应体现社会生产力平均水平。编制造价文件时，造价专业人员切忌弄虚作假，既不高估冒算，又不少算漏算，力求公平公正，实事求是地按客观规律办事。

（4）不同建设阶段造价预测的作用不同。造价专业人员应按不同阶段的要求，编制出内容和深度与之相适应的造价文件。

（5）编制单位和编审人员应具有相应资质，确保文件质量。

（二）编制依据

水利工程设计概算编制依据如下：

（1）国家及省、自治区、直辖市颁发的有关法令、法规、制度、规程。

（2）水利工程设计概（估）算编制规定。

（3）水利建筑工程概算定额、水利水电设备安装工程概算定额、水利工程施工机械台时费定额和有关行业主管部门颁发的定额。

（4）水利工程设计工程量计算规则。

（5）初步设计文件及图纸。

（6）有关合同协议书及资金筹措方案。

（7）其他。

（三）编制的一般程序

水利工程概算由两部分构成，第一部分为工程部分概算，由建筑工程概算、机电设备及安装工程概算、金属结构设备及安装工程概算、施工临时工程概算和独立费用概算五项组成。第二部分为移民和环境部分概算，由水库移民征地补偿、水土保持工程概算和环境保护工程概算三项组成，其概算编制执行《水利工程建设征地移民补偿投资概（估）算编制规定》《水利工程环境保护概（估）算编制规定》和《水土保持工程环境保护概（估）算编制规定》。

设计概算编制的一般程序如下：

1. 编制准备工作

其内容包括：收集、整理工程设计图纸，初步设计报告，工程枢纽布置，工程地质、水文地质、水文气象等资料；掌握施工组织设计内容，如主要建筑物施工方案、施工机械、对外交通、场内交通，砂石料开采方法等；向上级主管部门、工程所在地有关部门收集税务、交通运输、基建、建筑材料等各项资料；现行水利水电概预算定额和有关水利水电工程设计概预算费用构成及计算标准；各种有关的合同、协议、决定、指令、工具书等。

2. 进行工程项目划分

根据要求详细列出各级项目内容.

3. 编制基础单价

根据有关规定和施工组织设计，编制人工预算单价、材料预算价格、施工用电水风价格、施工机械台时费、砂石料单价、混凝土材料单价、砂浆材料单价、设备费等。

4. 编制建筑安装工程单价

按工程项目划分，分别编制每个三级项目（分项工程）的建筑安装工程单价。

5. 计算工程量

依据工程量计算规则、设计图纸和工程量计算方法，按分项工程计算工程量。

6. 分部概算

根据分项工程的工程量、工程单价、设备费，计算并编制各分部概算表。

7. 总概算

编制分年度投资表、资金流量表、总概算表和概算总表。

8. 复核、整理、装订

对以上内容进行复核，编写概算编制说明，进行成果整理，打印装订。

二、设计概算编制内容

设计概算内容由概算正件和概算附件两部分组成。概算正件和概算附件均应单独成册，随初步设计文件报审。

（一）概算正件组成内容

1. 编制说明

编制说明包括内容主要有：

（1）工程概况。主要内容包括流域、河系、兴建地点、对外交通条件、工程规模、工程效益、工程布置形式、主体建筑工程量、主要材料用量、施工总工期、施工平均人数和高峰人数、资金筹措情况和投资比例等。

（2）投资主要指标。主要内容包括工程总投资（动态）和静态投资、年度价格指数、基本预备费、建设期融资额度、利息和利率等。

（3）编制依据和应说明的主要问题。主要内容包括：①设计概算编制原则和依据；②人工、主要材料、施工用电、水、风、砂石料等基础单价计算依据；③主要设备价格的编制依据；④费用计算标准及依据；⑤工程资金筹措方案。

（4）设计概算编制中存在的其他应说明的问题。

（5）主要技术经济指标表。

（6）工程概算总表。

2. 工程部分概算表

工程部分概算表格有：

（1）概算表。

1）总概算表。

2）建筑工程概算表。

3）机电设备及安装工程概算表。

4）金属结构设备及安装工程概算表。

5）施工临时工程概算表。

6）独立费用概算表。

7）分年度投资概算表。

8）资金流量表。

（2）概算附表。

1）建筑工程单价汇总表。

2）安装工程单价汇总表。

3）主要材料预算价格汇总表。

4）次要材料预算价格汇总表。

5）施工机械台时费汇总表。

6）主体工程量汇总表。

7）主要材料量汇总表。

8）人工工时数量汇总表。

9）建设及施工场地征用数量汇总表。

（二）概算附件组成内容

（1）人工预算单价计算表。

（2）主要材料运杂费计算表。

（3）主要材料预算价格计算表。

（4）施工用电、水、风价格计算书。

（5）补充定额计算书。

（6）补充施工机械台时费计算书。

（7）砂石料单价计算书。

（8）混凝土材料、砂浆材料单价计算表。

（9）建筑工程单价分析表。

（10）安装工程单价分析表。

（11）主要设备运杂费率计算书。

（12）临时房屋建筑工程费用投资计算书。

（13）独立费用计算书。

（14）分年度投资表。

（15）资金流量计算表。

（16）价差预备费计算书。

（17）建设期融资利息计算书。

（18）作为计算人工、材料、设备预算价格和费用依据的有关文件、询价报价资料及其他。

三、分部工程概算的编制

分部概算是概算的核心部分。水利工程概算的编制一般在基础单价的编制和项目划分的基础上，根据建筑安装工程概算定额和施工机械台时费定额编制建筑安装工程单价，再根据工程量、工程单价编制分部工程概算，据以编制总概算。下面介绍分部工程概算编制。

1. 建筑工程

建筑工程按主体建筑工程、交通工程、房屋建筑工程、外部供电线路工程、其他建筑工程分别采用不同的方法编制。

(1) 主体建筑工程。

1) 主体建筑工程概算按设计工程量乘以工程单价进行编制。

2) 主体建筑工程量应根据《水利工程设计工程量计算规则》，按项目划分要求，计算到三级项目。

3) 当设计对混凝土施工有温控要求时，应根据温控措施设计，计算温控措施费用；也可以经过认真分析确定指标后，按建筑混凝土方量进行计算。

(2) 交通工程。交通工程投资按设计工程量乘以单价进行计算，也可根据工程所在地区造价指标或相关实际资料，采用扩大单位指标编制。

(3) 房屋建筑工程。

1) 水利工程的永久房屋建筑面积中，用于生产和管理办公的部分，由设计单位按有关规定，结合工程规模确定；用于生活、文化福利建筑工程的部分，在考虑国家现行房改政策的情况下，按主体建筑投资的百分率计算。见表 2-15。

表 2-15　　　　　　　　　生活、文化福利房屋建筑工程概算取费标准

工　程　分　类	费率/%		
枢纽工程	投资≤5 亿元	5 亿元＜投资≤10 亿元	投资＞10 亿元
	1.5~2.0	1.1~1.5	0.8~1.1
引水及河道工程	0.5~0.8		

2) 室外工程投资，一般按房屋建筑投资的 10%~15% 计算。

(4) 供电线路工程。根据设计的电压等级、线路架设长度及所需配备的变配电设施要求，采用工程所在地区造价指标或有关实际资料计算。

(5) 其他建筑工程。

1) 内外部观测工程按建筑工程属性处理。内外部观测工程项目投资应按设计资料计算。如无设计资料时，可根据工程型式，按照主体建筑工程投资的百分比计算，见表 2-16。

表 2-16　　　　　　　　　其他建筑工程概算取费标准

工程分类	当地材料坝	混凝土坝	引水式电站（引水建筑物）	堤防工程
费率/%	0.9~1.1	1.1~1.3	1.1~1.3	0.2~0.3

2) 动力线路、照明线路、通信线路等工程投资按设计工程量乘以单价或采用扩大单位指标编制。

3) 其余各项按设计要求分析计算。

2. 机电设备及安装工程

机电设备及安装工程投资由设备费和安装工程费两部分组成。

（1）设备费。设备费包括设备原价、运杂费、运输保险费和采购及保管费。设备费的计算方法详见学习项目二学习单元五 设备费计算。

（2）安装工程费。安装工程投资按设备安装数量乘以安装工程单价进行计算。

3. 金属结构设备及安装工程

此部分的编制方法同第二部分。

4. 施工临时工程

（1）导流工程。按设计工程量乘以工程单价进行计算。

（2）施工交通工程。按设计工程量乘以单价进行计算，也可根据工程所在地的造价指标或有关实际资料，采用扩大单位指标编制。

（3）施工场外供电工程。根据设计的电压等级、线路架设长度及所需配备的变配电设施要求，采用工程所在地区造价指标或有关实际资料计算。

（4）施工房屋建筑工程。施工房屋建筑工程包括施工仓库和办公、生活及文化福利建筑两部分。施工仓库是指为工程施工而临时兴建的设备、材料、工器具等的仓库；办公、生活及文化福利建筑是指施工单位、建设单位（包括监理）及设计代表在工程建设期所需的办公室、宿舍、招待所和其他文化福利设施等房屋建筑工程。此部分不包括临时设施和其他临时工程项目内的电、水、风、通信系统，砂石料系统，混凝土拌和及浇筑系统，木材、钢筋、机修等辅助加工厂，混凝土预制构件厂，混凝土制冷、供热系统，施工排水等生产用房。

5. 独立费用

独立费用由建设管理费、生产准备费、科研勘设试验费、建设及施工场地征用费和其他组成。详细计算参见《水利水电工程计量与计价》（主编 康喜梅 中国水利水电出版社）第七章第二节。计算时应注意以下两点：

（1）对于新建工程，建设管理费中的建设单位开办费应根据建设单位开办费标准和建设单位定员来确定。对于改扩建与加固工程，原则上不计建设单位开办费。

（2）改扩建与加固工程、堤防及疏浚工程原则上不计生产及管理单位提前进场费、生产职工培训费。若工程中含有新建大型泵站、船闸等建筑物，按建筑物的建安工作量参照枢纽工程费率适当计列。

四、总概算编制

总概算按下列顺序进行编制：

（一）基本预备费

根据规定的费率，按上述分部工程第一部分至第五部分（以下简称一至五部分）投资合计数（依据分年度投资表）的百分率计算。

（二）价差预备费

按照合理建设工期、资金流量表的静态投资（含基本预备费）根据国家计委发布的物价指数按有前述公式进行计算。

（三）建设期融资利息

根据合理建设工期、资金流量表，根据融资利率及前述公式进行计算。

（四）静态投资

一至五部分投资与基本预备费之和构成静态投资。

（五）动态总投资

一至五部分投资、基本预备费、价差预备费、建设期融资利息之和构成动态总投资。

编制总概算表时，在第五部分独立费用之后，应按顺序列以下项目：①一至五部分投资合计；②基本预备费；③静态投资；④价差预备费；⑤建设期融资利息；⑥动态总投资。

（六）工程投资总计

1. 静态总投资

工程部分静态投资与移民和环境部分静态投资之和。

2. 总投资

工程部分总投资与移民和环境部分总投资之和。

学习单元九　施工图预算、施工预算、结算与决算

一、施工图预算

1. 施工图预算的概念

施工图预算是施工图设计预算的简称，是在施工图设计完成后，工程开工前，根据施工图设计图纸、现行的预算定额、费用定额，以及地区设备、材料、人工、施工机械台班等预算价格编制并确定的建筑安装工程造价的文件。

2. 施工图预算的编制原则

施工图预算是承包商与业主结算工程价款的主要依据，是一项工作量大，政策性、技术性和时效性都很强，而又十分细致复杂的工作。编制时必须遵循下列原则：

（1）必须认真贯彻执行国家现行的各项政策及具体规定。

（2）必须认真负责、实事求是地如实计算工程造价，做到既不高估、多算、重算，又不漏项、少算。

（3）必须深入了解、掌握施工现场的情况，做到工程量计算准确，定额套用合理。

3. 施工图预算的编制依据

（1）国家有关工程建设和造价管理的法律、法规和方针政策。

（2）施工图纸、施工说明书、施工图纸会审记录、标准图集及工程地质勘察资料。施工图纸是编制预算的根本依据，它包括建筑施工图、结构施工图、给排水施工图及电气施工图等。

（3）已审批的施工组织设计或施工方案。施工组织设计是确定单位工程进度计划、施工方法或主要技术措施，以及施工现场平面布置等内容的文件。它确定了土方的开挖方法，土方的土方运输工具及运距，余土或缺土的处理；钢筋混凝土构件、木结构构件、金属构件是现场就地制作还是预制加工厂制作，运距多少；构件吊装的施工方法，采用何种

大型机械，机械的进出场次数，等等。这些资料都是编制预算不可缺少的依据。

（4）现行预算定额、材料与构配件预算价格。预算定额是编制预算时确定各分项工程的工程量，计算工程直接费，确定人工、材料、机械等实物消耗量的主要依据。预算定额中所规定的工程量计算规则、计量单位、分项工程内容及有关说明，是编制预算时计算工程量的主要依据。合理地确定材料、人工、机械台班的市场价格，是编制施工图预算的基础。

（5）各种取费标准。取费标准即国家或地区、行业的费用定额，费用定额规定了措施费、间接费、利润、税金的费率及计算的依据和程序等。

（6）施工合同或协议。施工企业与建设单位签订的合同或协议是双方必须遵守和履行的文件，在合同中明确了施工的范围和内容，从而决定施工图预算各分部工程的构成。因此，合同或协议也是编制施工图预算的依据。

（7）工具书、计算手册等辅助资料。工程量计算和补充定额的编制，要用到一些系数、数据、计算公式及其他有关资料，如计算各种构件面积和体积的公式，钢材、木材等各种材料规格型号及单位用量数据，金属材料重量表，特殊断面（如砖基础大放脚、屋架杆件长度系数等）结构构件工程量速算方法等。这些资料和计算手册，是编制预算时不可缺少的计算依据。

4. 施工图预算的内容

施工图预算书一般包括以下内容：

（1）封面。封面主要是反映工程概况。其内容主要包括业主单位名称、工程名称、结构类型、结构层数、建筑面积、工程总造价、单方造价，编制单位名称、编制人员及其证章，审核人员及其证章，编制日期、预算书编号等内容。

（2）编制说明。编制说明主要是文字说明，内容包括工程概况，编制依据、范围，有关未定事项、遗留事项的处理方法，特殊项目的计算措施，在预算书表格中无法反映出来的问题以及其他必须说明的情况等。编写编制说明的目的，是为了使他人更好地了解预算书的全貌及编制过程，以弥补数字不能显示的问题。

（3）费用汇总表。是指组成建设工程预算造价各项费用计算的汇总表。内容包括直接费、间接费利润、税金等。

（4）分部分项工程预算表。是指各分部分项工程直接费的计算表，它是施工图预算书的主要组成部分。其内容包括定额编号、分部分项工程名称、计量单位、工程数量、预算单价及合价等。有些地区还将人工费、材料费、机械费在本表中直接列出，以便汇总后计算其他各项费用。

（5）工料分析表。是指分部分项工程所需人工、材料和机械台班消耗量的分析计算表。此表一般与分部分项工程表结合在一起，其内容除与分部分项工程预算表的内容相同外，还应列出个分项工程的预算定额工料消耗量指标和计算出相应的工料消耗数量。

（6）材料汇总表。是指单位工程所需的材料汇总表。其内容包括材料名称、规格、单位、数量等。

5. 施工图预算的编制步骤

施工图预算的编制可分为两个阶段，即准备阶段和编制阶段。

（1）准备阶段。

1）整理和审核施工图纸。在编制预算之前，必须充分熟悉施工图纸，了解设计意图和工程全貌，对施工图中的问题疑难和建议要与设计单位协商，应把设计中的错误、疑点消除在预算编制之前。一般按以下顺序进行：

a. 整理施工图纸。建筑工程施工图纸应按照图纸目录的顺序排列。一般为全局性图纸在前，局部性的图纸在后；先施工的在前，后施工的在后；重要图纸在前，次要图纸在后。整理完成后，应将目录放在首页，一并装订成册。

b. 核对图纸是否齐全。按图纸目录核对施工图纸是否齐全。

c. 阅读和审核施工图。通过熟悉图纸，要达到对该项建筑物的全部构造、构件联结、材料做法、装饰要求及特殊装饰等有一个清晰的认识，把设计意图形成立体概念，为编制工程预算创造条件。

d. 设计交底和图纸会审。施工单位在熟悉和自审图纸的基础上，参加由建设单位组织设计单位和施工单位共同进行设计交底的图纸会审会议。

2）收集有关编制预算的依据资料。编制预算主要收集预算定额、单位价格表、费用定额、概算文件及工程合同等资料。

3）熟悉施工组织设计或施工方案的有关内容。在编制预算时，应熟悉并了解和掌握施工组织设计中影响工程预算造价的有关内容，如施工方法和施工机械的选择、构（配）件的加工和运输方式等。

如果施工图预算与施工组织设计或施工方案同时进行编制时，可将预算方面需要解决的问题，提请有关部门先行确定。若某些工程没有编制施工组织设计或施工方案，则应把预算方面需要解决的问题向有关人员了解清楚，使预算反映工程实际，从而提高预算编制质量。

4）了解其他有关情况。

a. 了解设计概算书的内容及概算造价。概算是控制施工图预算的依据，在编制施工图预算前应先对概算造价及分部分项的内容有初步的了解。

b. 了解施工现场情况。要编制出符合施工实际的施工图预算，还必须了解施工现场情况。如自然地面标高与设计标高是正差还是负差，工程地质及水文地质的现场勘探情况，水源、电源及交通运输情况等等。凡是属于建设单位责任范围内而未能及时解决的，并且建设单位委托施工单位代处理的，施工单位应单独编制预算，或办理经济签证，据以向建设单位收取费用。

c. 了解工程承包合同的有关条款。应主要了解工程承包范围、承包方式、结算方式和方法、材料供应方式、材料价差的计算内容和方法等。对于建设单位及造价审查单位，还应了解施工企业的性质、级别等。

（2）编制阶段。

1）计算工程量。计算工程量前，应根据定额规定的要求、图纸设计内容，非常仔细地逐一列出应计算工程量的分项工程项目，以避免漏算和错算。工程量计算必须根据设计图纸和施工说明书提供的工程构造、设计尺寸和做法要求，结合施工组织设计和现场情况，按照预算定额的项目划分、工程量计算规则和计量单位的规定，遵循一定的科学程序逐项计算分项工程的工程量。

2）套用定额，计算直接工程费和主材消耗量。将计算好的各分项工程数量，按定额规定的计量单位、定额分部顺序分别填入工程预算表中。再从定额（基价表）中查出相应的分项工程定额编号、基价、人工费单价、材料费单价、机械费单价、定额材料用量，也填入预算表中。然后将工程量分别与单价、定额材料用量等相乘，即可得出各分项工程的直接工程费（人工费、材料费、机械费）和各种材料用量。每个分部工程各项数据计算完毕，应进行分部汇总。最后汇总各分部结果，得出单位工程的直接工程费（人工费、材料费、机械费）和各种材料用量。

3）取费计算。直接工程费汇总以后，按地区统一规定的程序和费率，计算其他各项费用（措施费、价差、企业管理费、规费、利润、税金等），汇总求得工程预算造价。造价计算出来以后，再计算确定每平方米建筑面积的造价指标。为了积累资料，还应计算每平方米的人工费、材料费、施工机械使用费、各大主材消耗量等指标。

4）校核、填写编制说明、装订、签章及审批。完成上述步骤，首先要进行校核审查，包括工程量、定额套用、造价计算等内容的复核。如实填写编制说明和封面，装订成册，经复核后签章，送审。

二、施工预算

1. 施工预算的概念

施工预算是指在单位工程施工之前，由施工企业根据施工定额，对单位工程编制的用于企业内部施工管理的成本计划文件。

施工预算是为了适应施工企业加强经营管理的需要，按照企业经济核算及班组核算的要求，计算出拟建单位工程所需人工、材料和机械台班需用量，供企业内部控制施工中各项成本支出，并指导施工生产活动的计划文件。它具体规定了单位或分部、分层、分段工程的人工、材料、施工机械台班消耗量和工程直接费的消耗量，是施工企业加强管理、控制成本的重要手段。

施工预算一般是在施工图预算的控制下编制、修订的。

2. 施工预算的作用

施工预算的编制与贯彻执行，对建筑施工企业加强施工管理、实行经济核算、控制工程成本和提高管理水平都具有重要意义，主要有以下几个方面的作用：

（1）是编制施工计划的依据。施工计划部门可以根据施工预算提供的建筑材料、构配件和劳动力等工程数量，进行备料和按时组织材料进场，以及安排各工种劳动力进场时间。

（2）是施工队向施工班组签发施工任务单和限额领料单的依据。施工任务单是把施工作业计划落实到班组的计划文件，也是记录班组完成任务情况和结算班组工人工资的依据。施工任务单的内容可分为两部分：一部分是下达给班组的工程内容，包括工程名称、计量单位、工程量、定额指标、平均技术等级、质量要求以及开工、竣工日期等；另一部分则是班组实际完成工程任务情况的记载及工人工资结算，包括实际完成的工程量、实用工日数、实际平均技术等级、工人完成工程的工资额以及实际开工、竣工日期等。

（3）是贯彻按劳分配原则的依据。施工预算是衡量工人劳动成果，计算应得报酬的依据。它把工人的劳动成果和个人应得报酬的多少直接联系起来，很好地体现了多劳多得的按劳分配原则。

（4）是企业开展经济活动分析，进行"两算"对比的依据。施工企业的经济活动分析主要是应用施工预算的人工、材料、机械台班消耗数量及直接工程费，与施工图预算的人工、材料、机械汇总量和直接工程费进行对比，分析超支或节约的原因，改进技术操作和施工管理，有效地控制施工中人力、物力的消耗，节约工程成本开支。

3. 施工预算的编制依据

编制施工预算的依据主要有以下几个方面：

（1）会审后的施工图纸和说明书。施工图纸（包括标准图）和设计说明书必须经过有关单位的会审。施工预算是根据会审后的图纸、说明书和会审记录来编制的，其目的是使施工预算更符合实际情况。不能采用未经会审通过的图纸，以免工程施工过程中出现问题。

（2）现行施工定额、劳动定额、人工工资标准、材料预算价格、机械台班单价及相关文件。

（3）单位工程施工组织设计或施工方案。施工组织设计或施工方案所确定的施工顺序、施工方法、施工机械、施工技术组织措施和施工现场平面布置等内容，是编制施工预算的依据，也直接影响施工预算的编制质量。

（4）经过审核批准的施工图预算。施工图预算书中的各种数据，如工程量、定额直接费和人工量、材料量、机械量及人工费、材料费、机械费等，为施工预算的编制提供了有利条件和可比数据。为了减少重复计算，施工预算与施工图预算工程量相同的计算项目，可以照抄使用。

（5）施工现场情况。如工程地质报告、控制测量资料、地物地貌、水文地质资料等。

（6）计算手册及有关工具性资料。如建筑材料手册、五金手册及常用的计算工具用书等。

4. 施工预算的编制方法

施工预算的编制方法与施工图预算的编制方法基本相同，有实物法和实物金额法两种。

（1）实物法。实物法是根据施工图纸、施工定额、施工组织设计或施工方案等计算出工程量，套用施工定额，分析计算出人工、材料及施工机械台班的消耗量，然后加以汇总以实物消耗量反映其经济效益。由于这种方法只计算实物的消耗量，故称实物法。

（2）实物金额法。实物金额法是在实物法算出人工、材料和机械的消耗量以后，再分别乘以所在地区的人工、材料和机械台班单价，并汇总求得人工费、材料费、机械费及直接工程费，即工、料、机费用汇总表。表内实物数量用于向施工班组签发施工任务单和限额领料单。直接工程费及所含人工费、材料费和机械费可与施工图预算直接工程费及所含人工费、材料费和机械费进行对比，分析节约或超支原因。这种方法不仅计算各种实物消耗量，而且计算出各项费用的金额，故称为实物金额法。

5. 施工预算的内容

建筑工程施工预算一般是以单位工程为编制对象，按分部或分层、分段进行工料分析计算，主要包括工程量、人工、材料、机械需用量和定额直接费等指标。施工预算通常由文字说明和计算表格两大部分组成。

（1）文字说明部分。

1）单位工程概况。简要说明拟建工程性质、建筑面积、层数、结构形式、施工要求等概况。

2）图纸审查意见。说明采用图纸的名称及标准图集的编号。介绍图纸经会审后对设计图纸及设计总说明书提出的修改意见。

3）采用的施工定额。采用的施工定额、人工工资标准、主要材料价格、机械台班单价。施工定额是施工预算的编制依据，定额水平的高低和定额内容是否简明适用，直接影响施工预算的编制质量。

4）施工部署及施工期限。根据总工期的要求安排各分部、分段工程的施工进度和施工期限。

5）各种施工措施。包括安全施工、文明施工、冬季施工、雨季施工、夜间施工以及降低工程成本的技术措施等。

6）遗留问题及解决办法。包括设计考虑不周全、现场条件可能发生变化出现的问题，以及需要建设单位协助配合解决的问题等。

（2）计算表格部分。表格是施工预算的另一重要组成部分。其表格形式，目前还没有统一的格式，比较通行的主要有以下几种：

1）工程量计算表。工程量计算表见表2-17，它是施工预算的基础表格之一。

表2-17　　　　　　　　　　工程量计算表

序　号	分部分项名称	单　位	数　量	计算式	备　注

2）施工预算表。施工预算表亦称工料分析表，它是施工预算的基本表格，见表2-18。该表是根据工程量乘以施工定额中的人工、材料、机械台班消耗量而编制的。

表2-18　　　　　　　　　施工预算工料分析表

工程名称：　　　　　　　　　　　　　　　　　　　　　　　年　月　日　页

人　工　分　析				定额编号	分部分项工程名称	工程数量	材料分析	名称			
工级	工级	工级	工级					规格			
合计	合计	合计	合计					单位			
								合计			
定额标准计算数量							定额单位	定额标准计算数量			

复核：　　　　　　　　　　　　编制：

3）人工汇总表。人工汇总表是编制劳动力计划及合理调配劳动力的依据。它是由"工料分析表"中的人工数，按不同工种和级别分别汇总而成的，见表 2-19。

表 2-19 施工预算人工汇总表

工程名称： 年 月 日 页

序号	分部工程名称	分 工 种 用 工 数						分部工程小计/(元/工日)
		普工	砖工	木工	钢筋工			
		级	级	级	级	级	级	
		（工资单价）元	元	元	元	元	元	
单位工程合计	人工数	工日						
	人工费	元						

4）材料汇总表。材料汇总表是编制材料需用量计划的依据。是由"工料分析表"中的材料数量，区别于不同规格，按现场用材和加工厂用材分别汇总而成的，见表 2-20。

表 2-20 施工预算材料汇总表

工程名称： 年 月 日 页

序号	材料名称	规格	单位	数量	单价/元	材料费/元	备注
单位工程合计/元							

5）机械汇总表。机械汇总表是计算施工机械费的依据。根据施工组织设计规定的实际进场机械，按其种类、型号、台数、工期等计算出台班数，然后汇总而成，见表 2-21。

表 2-21 施工预算机械汇总表

工程名称： 年 月 日 页

序 号	机械名称	型 号	台班数	台班单价/元	机械费/元	备 注
单位工程合计/元						

6）"两算"对比表。"两算"对比表用于进行施工图预算与施工预算的对比。它是在施工预算编制完毕后，将计算出的人工、材料的消耗量，以及人工费、材料费、施工机械费等，按照单位工程或分部工程与施工图预算进行对比，找出节约或超支的原因，提出改进施工组织措施，达到降低成本的目的。对比的方法有两种：一种是按实物消耗量进行

的，见表 2-22；另一种是按直接费进行的，见表 2-23。

表 2-22   两算对比表——实物量对比

工程名称：   年 月 日 页

序号	工料名称	单位	施工图预算			施工预算			对比结果					
			数量	单价	金额/元	数量	单价	金额/元	数量差			金额差		
									节约	超支	%	节约	超支	%
一	人工	工日												
	其中：土石方工程	工日												
	砖石工程	工日												
	打桩工程	工日												
	⋮													
二	材料													
	32.5 级水泥	t												
	42.5 级水泥	t												
	$\phi 10$ 以内钢筋	t												
	$\phi 10$ 以外钢筋	t												
	⋮													

主管：   审核：   编制：

表 2-23   两算对比表——直接费对比

工程名称：   年 月 日 页

序号	项 目	施工图预算/元	施工预算/元	对 比 结 果		
				节约	超支	%
一	单位工程直接费					
	其中：人工费					
	机械费					
	材料费					
二	分部工程直接费					
1	土石方工程					
	其中：人工费					
	材料费					
	机械费					
2	砖石工程					
	其中：人工费					
	材料费					
	机械费					

主管：   审核：   编制：

6. 编制施工预算应注意的问题

（1）编制内容与范围。编制施工预算的主要目的，是为了提高施工企业的管理水平，降低工程成本，特别是加强施工队伍的现场管理和经济核算。因此，施工预算应按实际承担施工任务的内容范围进行编制，凡是在外单位加工或购买的成品、半成品，编制施工预算时均不进行工料分析。若是本企业附属企业加工的各种构件，可另行编制施工预算，而不要与施工现场承担工程项目混合编制。

（2）填表要求。为了方便地进行"两算"对比，在填写施工预算的工料分析表时，要求在同一页表格上不要列两个不同的分部工程。

（3）计量单位。为了能直接套用施工定额的工料消耗指标，编制施工预算时，计算工程量的计量单位必须与施工定额的计量单位相同。

（4）工料分析与汇总。为了正确地计算人工费和材料费，在进行工料分析和汇总时，人工应该按不同工种和级别进行分析和汇总，材料应该按不同品种和规格进行分析和汇总。

7. "两算"对比

（1）"两算"对比的目的。施工预算和施工图预算之间的对照比较，称"两算"对比。施工图预算是确定工程建设的预算成本，是确定建筑施工企业收入的依据。施工预算是确定工程建设的计划成本，是确定建筑施工企业投入或支出的依据。它们是从不同的角度计算的两本经济账。一般情况下，工程的计划成本不应大于工程的预算成本，即施工企业承建某项工程的支出应小于其收入。

"两算"对比，是在"两算"编制完成后，并在工程开工之前，将施工图预算与施工预算进行对比和分析。通过"两算"对比，找出节约或超支的原因，研究提出解决的办法，防止人工、材料、机械台班及相应费用的超支而导致工程成本亏损，为编制降低成本计划额度提供依据。因此，"两算"对比对于建筑施工企业自觉运用经济规律，改进和加强施工组织管理，提高生产效率，降低工程成本，提高企业的经济效益具有非常重要的意义。

（2）"两算"对比的方法。

1）实物对比法。

实物对比法是将施工预算所计算的单位工程的人工和主要材料消耗量填入"两算"对比表相应的栏目里，再将施工图预算的工料消耗量也填入"两算"对比表相应的栏目里，然后进行对比分析，计算出节约或超支的数量差。

2）实物金额对比法。

实物金额对比法是将施工预算所计算的人工、材料和机械台班消耗量，分别乘以相应的人工工资标准、材料预算价格和施工机械台班预算价格，得出相应的人工费、材料费和机械费及直接工程费，并填入"两算"对比表相应的栏目里，再将施工图预算所计算的人工费、材料费、施工机械费和直接工程费，也填入"两算"对比表相应的栏目里，然后进行对比、分析，计算出节约和超支的费用差。

（3）"两算"对比的内容。

1）人工数量和人工费的对比。施工预算的人工数量与施工图预算比较，一般要低

10％～15％。这是由于两种定额编制水平不同而引起的差异，造成差异的主要原因是预算定额考虑了一定的人工幅度差，而施工定额没有考虑，借以说明施工预算降低人工工日及提高劳动生产率的原因。

由于"两算"所依据的定额平均技术等级不完全一致，用绝对的工日数并不是唯一可比数据，必须依据"两算"各自的平均技术等级和工日数两个方面的比较才能对比，即人工费对比。同时，说明时一定要有定额以外用工措施，以防止施工预算在实施过程中，出现大量定额以外的洽商用工，确保施工预算不超过施工图预算的人工工资额，并有节余。

2）主要材料数量和材料费对比。施工预算中的材料费占直接费的比重最大，对降低工程成本有着决定性影响。由于"两算"套用的定额水平不一致，施工预算的材料消耗量一般都低于施工图预算。如果出现施工预算的材料消耗量大于施工图预算，则应分析原因，根据实际情况，采取措施调整施工预算。

3）机械台班数量和机械费对比。预算定额的机械台班耗用量是综合考虑的，而施工定额要求按照实际情况，根据施工组织设计或施工方案规定的施工机械种类、型号、数量和工期进行计算。若施工预算中的机械台班费超出施工图预算中的机械台班费时，必须重新审查施工机械的配置方案，改变其中不合理的配置，使其机械台班费不发生超支。

4）周转材料摊销费的对比。周转材料主要是指脚手架和模板。预算定额是按摊销量计算，施工定额是按一次使用量加上损耗量计算的。因此，脚手架和模板无法用实物量进行对比，只能按摊销费用进行对比，以分析节约或超支。

5）其他费对比。其他费包括施工用水、电费，冬雨季、夜间、交叉作业施工增加费，材料二次搬运费等，因费用项目和计取办法各地规定不同，只能用金额进行对比，以分析其节约和超支。

在经过工、料、机的对比分析以后，需要对"两算"对比的结果是否已达到预期的目的，节约或超支原因，存在的问题，以及改进"两算"对比的内容和方法等，提出相应的建议或看法。

8. 施工预算与施工图预算的区别

施工预算与施工图预算（简称"两算"）的区别主要表现在以下几个方面：

（1）编制依据不同。"两算"编制依据中最大的区别是使用的定额不同，施工预算套用的是施工定额，而施工图预算套用的是预算定额，两种定额的各种消耗量有一定差别，项目划分也有差异。

（2）作用不同。施工预算是施工企业用来控制各项成本支出的依据，而施工图预算是计算单位工程的预算造价，确定施工企业工程收入的主要依据。

（3）工程项目划分的粗细程度不同。施工预算的项目划分要比施工图预算细得多，工程量计算也更加精确。施工预算按项目划分和工程量计算，一般按分层、分段、分工种、分项进行，如施工定额中的钢筋混凝土构件制作，分为模板、钢筋和混凝土三项计算，而预算定额则合并为一项计算。

（4）计算范围不同。施工预算一般只计算出直接费即可，仅供内部使用。而施工图预算要计算出整个工程造价，其中，包括直接费、间接费、利润和税金等。

（5）考虑施工组织因素多少不同。施工预算所考虑施工组织方面的因素要比施工图预算细得多。例如，土石方工程中的土方工程，施工图预算只是综合考虑机械挖土、自卸汽车运土，而施工预算则要考虑细分为推土机推土、拖式铲运机铲运土方、挖土机挖装土方、装载机装运土方及自卸汽车装土方等项目。

（6）计量单位不同。施工预算与施工图预算的工程量计量单位也不完全一致。如门窗工程，施工预算按樘数计算，而施工图预算按面积计算。单个体积小于 $0.07m^3$ 的过梁安装工程量，施工预算以根数计算，而施工图预算以体积计算。

三、工程结算与竣工决算

1. 工程结算

（1）工程结算的概念。工程结算是指施工企业在建筑工程实施过程中及工程竣工后，依据承包合同和已完工程量，按照规定的程序向建设单位（业主）办理工程价款清算的经济文件，也称为建筑工程价款结算。

（2）工程结算的种类。建筑工程建设周期长，耗用资金量大，为使建筑安装企业在施工中耗用的资金及时得到补偿，需要对工程价款进行中间结算（进度款结算）、年终结算，全部工程竣工验收后应进行竣工结算。因此，工程结算一般可分为两类：工程价款中间结算（进度款结算）和工程竣工结算。

（3）工程结算的主要方式。

1）按月结算。按月结算即采取旬末或月中预支，月终结算，竣工后清算的方法。跨年度竣工的工程，在年终进行工程盘点，办理年度结算。

2）竣工后一次结算。建设项目或单项工程全部建设期在 12 个月以内，或者工程承包合同价值在 100 万元以下的，可以实行工程价款每月月中预支，竣工后一次结算的方式。

3）分段结算。分段结算即当年开工，而当年不能竣工的单项工程或单位工程按照工程形象进度，划分不同的施工段进行结算。分段结算可以按月预支工程款。施工段的划分标准，由各部门或省、自治区、直辖市、计划单列市规定。

4）目标结算。目标结算即在工程合同中，将承包工程的内容分解成不同的控制界面，以业主验收控制界面作为支付工程价款的前提条件。也就是说，将合同中的工程内容分解成不同的验收单元，当承包商完成单元工程内容并经业主（或其委托人）验收后，业主支付该单元工程内容的工程价款。

5）其他结算方式。结算双方可根据具体情况协商确定其他结算方式。

（4）工程价款结算。工程价款结算又叫工程中间结算，主要包括预付备料款结算和工程进度款结算。

1）预付备料款结算。施工企业承包工程，一般都实行包工包料，这就需要有一定数量的备料周转金。在工程承包合同条款中，一般要明文规定发包方（甲方）在开工前拨付给承包方（乙方）一定限额的工程预付备料款。该预付款构成施工企业为该承包工程项目储备主要材料、结构件所需的流动资金。

a. 预付备料款的限额。预付备料款数额主要由下列因素决定：主要材料（包括外购构件）占工程造价的比重、材料储备期、施工工期。对于施工企业常年应备的备料款限额，可按下式计算：

$$工程备料数额 = \frac{年度计划完成合同价款 \times 主要材料比例}{年度施工日历天数} \times 材料储备天数$$

一般建筑工程不应超过当年建筑工程量（包括水、电、暖）的30％；安装工程按年安装工程量的10％；材料所占比重多的安装工程按年计划产值的15％左右拨付。

在实际工作中，预付备料款的数额要根据各工程类型、合同工期、承包方式和供应体制等不同条件而定。工期短的工程比工期长的要高。材料由施工单位自购的比由建设单位供应主要材料的要高。对于只包定额工日（不包材料定额，一切材料由建设单位供给）的工程项目，可以不预付备料款。

b. 预付备料款的扣回。发包单位拨付给承包单位的备料款属于预支性质，到了工程实施后，随着工程所需主要材料储备的逐渐减少，应以抵充工程价款的方式陆续扣回。扣款方式有两种：①从未施工工程尚需的主要材料及构件的价值相当于预付备料款数额时起扣，从每次结算工程价款中，按材料比重扣抵工程价款，竣工前全部扣清；②按合同及有关文件规定进行。

备料款的扣回应根据实际情况，如有些工程工期短，就无须分期扣回；有些工程工期长，如跨年度工程，预付备料款可以不扣或少扣，并于次年按预付备料款调整，多还少补。具体地说，跨年度工程，预计次年承包工程价值大于或相当于当年承包工程价值时，可以不扣回当年的预付备料款；如小于当年承包工程价值时，应按实际承包工程价值进行调整，在当年扣回部分预付备料款，并将未扣回部分，转入次年，直到竣工年度，再按上述办法扣回。

2) 工程进度款结算。施工企业在施工过程中，按逐月（或形象进度，或控制界面等）完成的工程量计算各项费用，向建设单位（业主）办理工程进度款的支付。

以按月结算为例，中间结算办法是施工企业在旬末或月中向建设单位提出预支工程款账单，预支一旬或半月的工程款，月终再提出工程款结算账单和已完成工程月报表，收取当月工程价款，并通过银行进行结算。在进行月结算时，应对现场已施工完毕的工程逐一进行清点，资料提出后应交监理工程师和建设单位审查签证。目前是以施工企业提出的统计进度月报表为支取工程款的凭证，形成通常所称的工程进度款。其支付步骤如图2-2所示：

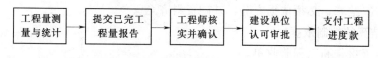

图2-2 支付步骤图

（5）竣工结算。

1) 工程竣工结算的含义。工程竣工结算是指施工企业按照合同规定全部完成所承包的工程，经验收质量合格，并符合合同要求和竣工条件之后，向发包单位进行的最终工程价款结算。

在实际工作中，当年开工、当年竣工的工程，只需办理一次性结算。跨年度的工程，在年终办理一次年终结算，将未完工程结转到下一年度，此时竣工结算等于各年度结算的总和。

2）工程竣工结算的作用。

a. 竣工结算是确定工程最终造价，实现双双合同约定的责任依据。

b. 竣工结算是为承包商确定工程最终收入，进行经济核算和考核工程成本的依据。

c. 竣工结算反映建筑安装工程工作量和实物量的实际完成情况，是业主编报项目竣工决算的依据。

d. 竣工结算反映建筑安装工程实际造价，是编制概算定额、概算指标的基础资料。

3）工程竣工结算方式。竣工结算一般采用以下方式：

a. 预算结算方式。这种方式是把经过审定确认的施工图预算作为竣工结算的依据，在施工过程中发生的而施工预算中未包括的项目和费用，经设计单位、建设单位、监理单位签证后，和原预算一起在工程结算时进行调整，因此又称这种方式为施工图预算加签证的结算方式。

b. 承包总价结算方式。这种方式的工程承包合同为总价承包合同。工程竣工后，暂扣合同价的 2%～5% 作为维修金，其余工程价款一次结清，在施工过程中所发生的材料代用、主要材料价差、工程量的变化等，如果合同中没有可以调价的条款，一般不予调整。因此，凡按总价承包的工程，一般都列有一项不可预见费用。

c. 平方米造价包干方式。承发包双方根据一定的工程资料或概算指标，经协商签订每平方米造价指标的合同，结算时按实际完成的建筑面积汇总结算价款。

d. 工程量清单结算方式。采用清单招标时，中标人填报的清单分项工程单价是承包合同的组成部分，结算时按实际完成的工程量，以合同中的工程单价为依据计算结算价款。

4）竣工结算的编制原则。

a. 任何工程的竣工结算，必须在工程全部完工，已具备结算条件并经竣工验收合格以后方能进行。

b. 工程竣工结算的各方，应共同遵守国家有关法律、法规、政策方针和各项规定，严禁高估冒算，严禁套用国家和集体资金，严禁在结算时挪用资金和谋取私利。

c. 坚持实事求是，针对具体情况处理遇到的复杂问题。

d. 严格履行合同，依据合同约定进行结算。

e. 办理竣工结算，必须依据充分，基础资料齐全。

5）竣工结算的编制依据。

a. 工程竣工报告和工程验收单。

b. 基础竣工图和隐蔽工程记录。

c. 施工图预算和工程承包合同。

d. 经设计单位签证后的设计变更通知书、图纸会审纪要、施工记录、工程更改的现场签证。

e. 预算定额、材料预算价格、取费标准和价差调整文件等资料。

f. 其他有关资料及现场记录。

6）竣工结算的内容。工程竣工结算一般是在施工图预算的基础上，结合施工中的实际情况编制的。其内容与施工图预算基本相同，只是在施工图预算的基础上作部分增减调整。

竣工结算的计算公式为：

竣工结算工程价款＝预算（或概算）或合同价款＋施工过程中预算或合同价款调整数额
－预付及已结算工程价款－保修金

a. 工程量差的调整。工程量差的调整是指施工图预算的工程数量与实际完成的工程数量之间的差异。这项差异是竣工结算调整的主要部分。工程量差主要表现为：①设计变更和设计漏项。这部分需要增减的工程量，根据设计修改通知单进行调整；②现场施工更改。包括施工中难以预见的工程（如基础开挖中遇到流沙、溶洞、古墓、阴河等）和施工方法改变（如钢筋混凝土构件由预制改为现浇、基础开挖用挡土板、构件采用双机吊装等）等原因造成的工程量及单价的改变。这部分需要增减的工程量，应根据现场签证记录，按合同或协议约定进行调整；③施工图预算错误。在编制竣工结算前，应结合工程的验收和实际完成工程量情况，对施工图预算中存在的错误予以纠正。

b. 材料价差调整。结算中材料价差的调整范围应严格按照当地造价部门的相关规定办理，允许调整则调整，不允许调整不得调整。

c. 费用调整。综合费是以基价直接费（或基价人工费）为基数计算出来的，工程量的调整必然引起基价直接费发生变化，因此综合费也应作相应调整。属其他费用的结算，如窝工费、现场签证人工费等，应一次结清。施工单位在施工现场使用建设单位的水、电费用，也应按规定在结算时结清，付给建设方，做到工完账清。

7）竣工结算的审查。工程竣工结算审查是竣工结算阶段的一项重要工作。经审查核定的工程竣工结算是核定建设工程造价的依据，也是建设项目验收后编制竣工决算和核定新增固定资产价值的依据。审查工作通常由建设单位、监理公司及审计部门把关。审核内容主要有以下几个方面：

a. 核对合同条款。首先应核对工程是否符合合同规定，竣工验收是否合格，只有按合同要求完成全部工程并验收合格才能列入竣工结算。其次，应按合同约定的结算方法、计价定额、取费标准、主材价格和优惠条款等，对工程竣工结算进行审核，若发现合同开口或有漏洞，应请承包方与发包方认真研究，明确结算要求。

b. 检查隐蔽验收记录。所有隐蔽工程均需进行验收，实行工程监理的项目，应经监理工程师签证确认。审核竣工结算时，应对隐蔽工程施工记录和验收签证进行检查，手续完整、工程量与工程竣工图一致，方可列入结算。

c. 检查设计变更签证。设计修改变更应由原设计单位出具设计变更通知单和修改图纸，设计、校审人员签字并加盖公章，经建设单位和监理工程师审查同意、签证。重大设计变更应经原审批部门审批，否则不应列入结算。

d. 根据施工图核实工程数量。竣工结算的工程量应依据竣工图、设计变更单和现场签证等进行核算。

e. 结算单价应按合同约定或招投标规定的计价定额和计价原则执行。

f. 审核各项费用计取。建安工程的取费标准应按合同要求或项目建设期间与计价定额配套使用的建安工程费用定额及有关规定执行，先审核各项费率、价格指数或换算系数是否正确，价差调整计算是否符合要求，再审核特殊费用和计算程序。

g. 防止各种计算误差。工程竣工结算子目多、篇幅大，尤其是大型项目往往存在计算误差，应认真核算，防止因计算误差多计或少算。

2. 竣工决算

(1) 工程竣工决算的概念。工程竣工决算是在建设项目或单项工程完工后，由建设单位财务和有关部门以竣工结算等为资料编制的，反映整个建设项目或单项工程从筹建到全部竣工的建设费用文件。它是竣工验收报告的重要组成部分。

竣工决算是反映建设项目实际造价和投资效果的文件。所有竣工验收的项目在办理验收手续之前，都应对所有建设项目的财产和物资进行认真的清理，编制竣工决算。

(2) 工程竣工决算的作用。

a. 竣工决算可全面反映竣工项目的实际建设情况和财务情况。竣工决算能反映竣工项目的实际建设规模、建设时间和建设成本，以及办理验收交接手续时的全部财务情况。

b. 及时编制竣工决算有利于节约基建投资和进行经济核算。及时编制竣工决算，办理新增固定资产移交转账手续，可以使建设单位正确计算已经投入使用的固定资产的折旧费，缩短建设周期，节约基建投资，有利于企业合理计算生产成本和企业利润，进行经济核算。

c. 竣工决算是考核竣工项目概预算执行情况和分析投资效果的重要依据。竣工决算与概预算进行比较分析，可以反映概预算的执行情况和投资效果。通过对比分析，可以肯定成绩，总结经验教训，为以后改进设计、推广先进技术、降低建设成本、提高基本建设管理水平积累基础资料。

d. 竣工决算是修订概预算定额指标的重要依据。

(3) 竣工决算的编制内容。建设项目竣工决算包括从筹建到竣工投产（或使用）全过程的全部实际费用，其内容包括竣工决算报告说明书、竣工决算报表、工程竣工图和工程造价比较分析 4 个部分。

1) 竣工决算报告说明书。竣工决算报告说明书全面概括了竣工工程的建设成果和经验，是全面考核分析工程投资与造价的书面总结，是竣工决算报告的重要组成部分，其主要内容包括如下：

a. 建设项目概况。

b. 对工程总的评价。从工程的质量、安全、进度和造价 4 个方面进行分析说明。①进度：主要说明开工和竣工时间、对照合理工期是提前还是延期；②质量：根据竣工验收委员会或质量监督部门的验收评定等级，对合格率和优良品率进行说明；③安全：根据劳动部门和施工部门的记录，对有无设备和人身事故进行说明；④造价：应对照概算造价，说明节约还是超支，用金额和百分率进行分析说明。

c. 主要技术经济指标的分析及计算情况。①概算执行情况分析：根据实际投资完成额与概算进行对比分析；②新增生产能力的效益分析：说明交付使用财产占总投资额的比例、新增固定资产占交付使用财产的比例，分析有机构成和成果；③基本建设投资包干情况的分析：说明投资包干数、实际使用数和节约数，投资包干节余的有机构成和包干节余的分配情况；④财务分析：列出历年资金来源和资金占用情况。

d. 工程建设的经验教训及遗留的问题和处理意见。

e. 需要说明的其他事项。

2）竣工决算报表。竣工决算报表应根据建设项目的规模，按大、中型建设项目和小型建设项目分别编制。

a. 大、中型建设项目的决算报表。大、中型建设项目的决算报表包括大、中型建设项目概况表，大、中型建设项目竣工财务决算总表及明细表，大、中型建设项目交付使用资产总表及明细表等。

a）大、中型建设项目竣工工程概况表。该表是根据最后一次审查批准的初步设计概算和实际执行结果填报的，用设计概算所确定的主要指标和实际完成的各项主要指标进行对比，以说明大、中型建设项目的概况。其主要内容包括，建设项目名称、建设地址、占地面积，新增生产能力，建设起止时间，完成主要工程量、主要材料消耗及主要技术经济指标及建设成本等。

b）大、中型建设项目竣工财务决算总表。该表反映竣工的大、中型建设项目的资金来源和资金运用情况，是考核和分析基本建设项目投资效果的依据。

c）大、中型建设项目竣工财务决算明细表。该表反映竣工项目年度资金的来源及运用情况。

d）大、中型建设项目交付使用资产总表。该表反映建设项目建成后，交付使用新增固定资产、流动资产、无形资产、递延资产和其他资产的全部情况和价值，作为财产交接、检查投资计划完成情况和分析投资效果的依据。

e）大、中型建设项目交付使用资产明细表。该表是交付使用财产总表的具体化，反映交付使用固定资产、流动资产、无形资产、递延资产和其他资产的详细内容，是使用单位建立资产明细账和登记新增资产价值的依据。

b. 小型建设项目的决算报表

a）小型建设项目竣工决算总表。该表是大、中型建设项目概况表和竣工财务决算表合并而成的，主要反映小型建设项目的全部工程和财务情况。表格的内容基本上与竣工工程概况表和竣工工程财务决算表相同。

b）小型建设项目交付使用资产明细表。

3）工程竣工图。工程竣工图是真实地记录和反映各种建筑物和构筑物等情况的技术文件，是工程进行交工验收、改建和扩建的依据，是国家的重要技术档案。

4）工程造价比较分析。竣工决算是用来综合反映竣工建设项目或单项工程的建设成果和财务情况的总结性文件。因此，在竣工决算报告中必须对控制工程造价所采取的措施、效果及其动态的变化进行认真的比较分析，从而总结经验教训，供以后项目参考。经批准的概预算是考核实际建设工程造价的依据，在分析时，可将决算报表中所提供的实际数据和相关资料与批准的概预算指标进行对比，以确定竣工项目总造价和单方造价是节约还是超支，在对比的基础上，总结经验教训，找出原因，确定改进措施。在实际工作中，侧重分析以下内容：

a. 主要实物工程量。概预算编制的主要实物工程量的增减变化必然引起工程概预算造价和实际工程造价的变化。因此，要认真对比分析和审查建设项目的建设规模、结构、标准、工程范围等是否遵循批准的设计文件规定，其中的变更部分是否按照规定的程序办理，其对造价的影响如何。对实物工程量出入较大的项目，必须查明原因。

b. 主要材料消耗量。在建筑安装工程投资中，材料费用所占的比重往往很大，因此，考核材料的消耗也是考核工程造价的重点。考核主要材料消耗量时，要按照竣工决算表中所列三大材料实际超概算的消耗量，查清是在工程的哪一个环节超出量最大，并进一步查明超额消耗的原因。

c. 建设单位管理费。要根据竣工决算报表中所列的建设单位管理费与概预算所列的建设单位管理费数额进行对比，确定其节约或超支数额，并查明原因。

选择考核、分析的重点应根据具体项目进行具体分析，按照项目的具体情况选择考核、分析的重点内容。

(4) 竣工决算的编制。

1) 竣工决算的编制依据。

a. 经批准的可行性研究报告及其投资估算书。

b. 经批准的初步设计或扩大初步设计及其概算或修正概算书。

c. 经批准的施工图设计及其施工图预算书。

d. 设计交底或图纸会审纪要。

e. 招投标的标底、承包合同和工程结算资料。

f. 施工记录或施工签证单及其他施工发生的费用记录（如索赔报告与记录，停、交工报告等）。

g. 竣工图及各种竣工验收资料。

h. 历年基建资料、历年财务决算及批复文件。

i. 设备、材料调价文件和调价记录。

j. 有关财务核算制度、办法，以及其他有关资料、文件等。

2) 竣工决算的编制步骤。

a. 收集、分析、整理原始资料。

b. 做好各项账务、债务和结余物资的清理工作。对工程建设过程中所发生的各项费用进行清理、检查，对债权、债务、材料、物资也要清理，做到账实相符、账账相符。

c. 编制竣工决算报告说明书。

d. 填报竣工决算报表。

e. 进行工程造价对比分析。

f. 清理、装订竣工图。

g. 按国家规定上报审批、存档。

学习单元十　工　程　索　赔

一、工程索赔概述

在市场经济条件下，建筑市场中工程索赔是一种正常的现象。工程索赔在建筑市场上是承包商保护自身正当权益、补偿由风险造成的损失、提高经济效益的重要和有效手段。

许多有经验的承包商在分析招标文件时就考虑其中的漏洞、矛盾和不完善的地方，考虑到可能的索赔，但这本身常常又会有很大的风险。

（一）工程索赔的概念

所谓索赔，就是作为合法的所有者，根据自己的权利提出对某一有关资格、财产、金钱等方面的要求。

工程索赔，是指当事人在合同实施过程中，根据法律、合同规定及惯例，对并非由于自己的过错，而是由于应由合同对方承担责任的情况造成的，且实际发生了损失，向对方提出给予补偿要求。在工程建设的各个阶段，都有可能发生索赔，但在施工阶段索赔发生较多。

对施工合同的双方来说，索赔是维护双方合法利益的权利。它同合同条件中双方的合同责任一样，构成严密的合同制约关系。承包商可以向业主提出索赔；业主也可以向承包商提出索赔。但在工程建设过程中，业主对承包商原因造成的损失可通过追究违约责任解决。此外，业主可以通过冲账、扣拨工程款、没收履约保函、扣保留金等方式来实现自己的索赔要求，不存在"索"。因此，在工程索赔实践中，一般把承包方向发包方提出的赔偿或补偿要求称为索赔；而把发包方向承包方提出的赔偿或补偿要求，以及发包方对承包方所提出的索赔要求进行反驳称为反索赔。

（二）索赔的作用

（1）有利于促进双方加强管理，严格履行合同，维护市场正常秩序。

（2）使工程造价更合理。索赔得正常开展，可以把原来打入工程报价中的一些不可预见费用，改为实际发生的损失支付，有助于降低工程报价，使工程造价更为合理。

（3）有助于维护合同当事人的正当权益。索赔是一种保护自己、维护自己正当利益、避免损失、增加利润的手段。如果承包商不能进行有效的索赔，损失得不到合理的、及时的补偿，会影响生产经营活动的正常进行，甚至倒闭。

（4）有助于双方更快地熟悉国际惯例，熟练掌握索赔和处理索赔的方法与技巧，有助于对外开放和对外工程承包的开展。

（三）索赔的分类

工程施工过程中发生索赔所涉及的内容是广泛的，为了探讨各种索赔问题的规律及特点，通常可作如下分类。

（1）按索赔事件所处合同状态分类：正常施工索赔，工程停、缓建索赔，解除合同索赔。

（2）按索赔依据的范围分类：合同内索赔、合同外索赔、道义索赔。

（3）按合同有关当事人的关系进行索赔分类：承包商同供货商之间的索赔，承包商向保险公司、运输公司索赔等。

（4）按照索赔的目的分类：工期延长索赔、费用索赔。

（5）按照索赔的处理方式分类：单项索赔、综合（总或一揽子）索赔。

（6）按引起索赔的原因分类：业主或业主代表违约索赔，工程量增加索赔，不可预见因素索赔，不可抗力损失索赔，加速施工索赔，工程停建、缓建索赔，解除合同索赔，第三方因素索赔，国家政策和法规变更索赔。

（7）按索赔管理策略上的主动性分类：索赔、反索赔。

二、工程中常见的索赔问题

（一）施工现场条件变化索赔

（1）招标文件中对现场条件的描述失误。

（2）有经验的承包商难以合理预见的现场条件。

（二）业主违约索赔

（1）业主未按工程承包合同规定的时间和要求向承包商提供施工场地、创造施工条件。

（2）业主未按工程承包合同规定的条件提供应有的材料、设备。

（3）监理工程师未按规定时间提供施工图纸、指示或批复。

（4）业主未按规定向承包商支付工程款。

（5）监理工程师的工作不适当或失误。如提供数据不正确、下达错误指令等。

（6）业主指定的分包商违约。如其出现工程质量不合格、工程进度延误等。

上述情况的出现，会导致承包商的工程成本增加和/或工期的增加，所以承包商可以提出索赔。

（三）变更指令与合同缺陷索赔

（1）变更指令索赔。

（2）合同缺陷索赔。

按惯例要由监理工程师做出解释。但是，若此指示使承包商的施工成本和工期增加时，则属于业主方面的责任，承包商有权提出索赔要求。

（四）国家政策、法规变更索赔

由于国家或地方的任何法律法规、法令、政令或其他法律、规章发生了变更，导致承包商成本增加，承包商可以提出索赔。

（五）物价上涨索赔

由于物价上涨的因素，带来人工费、材料费、甚至机械费的增加，导致工程成本大幅度上升，也会引起承包商提出索赔要求。

（六）因施工临时中断和工效降低引起的索赔

由于业主和监理工程师原因造成的临时停工或施工中断，特别是根据业主和监理工程师不合理指令造成了工效的大幅度降低，从而导致费用支出增加，承包商可提出索赔。

（七）业主不正当地终止工程而引起的索赔

由于业主不正当地终止工程，承包商有权要求补偿损失，其数额是承包商在被终止工程上的人工、材料、机械设备的全部支出，以及各项管理费用、保险费、贷款利息、保函费用的支出（减去已结算的工程款），并有权要求赔偿其盈利损失。

（八）业主风险和特殊风险引起的索赔

由于业主承担的风险而导致承包商的费用损失增大时，承包商可据此提出索赔。根据国际惯例，战争、敌对行动、入侵、外敌行动；叛乱、暴动、军事政变或篡夺权位、内战；核燃料或核燃料燃烧后的核废物、核辐射、放射线、核泄漏；音速或超音速飞行器所产生的压力波；暴乱、骚乱或混乱；由于业主提前使用或占用工程的未完工交付的任何一部分致使破坏；纯粹是由于工程设计所产生的事故或破坏，并且这设计不是由承包商设计或负责的；自然力所产生的作用，而对于此种自然力，即使是有经验的承包商也无法预见，无法抗拒，无法保护自己和使工程免遭损失等属于业主应承担的风险。

三、工程索赔的依据和程序

（一）工程索赔的依据

合同一方向另一方提出的索赔要求，都应该提出一份具有说服力的证据资料作为索赔的依据。这也是索赔能否成功的关键因素。由于索赔的具体事由不同，所需的论证资料也有所不同。索赔一般依据包括：招标文件、投标书、合同协议书及其附属文件、来往信函、会议记录、施工现场记录、工程财务记录、现场气象记录、市场信息资料、政策法令文件。

（二）工程索赔的程序

合同实施阶段，在每一个索赔事件发生后，承包商都应抓住索赔机会，并按合同条件的具体规定和工程索赔的惯例，尽快协商解决索赔事项。工程索赔程序，一般包括发出索赔意向通知、收集索赔证据并编制和提交索赔报告、评审索赔报告、举行索赔谈判、解决索赔争端等，如图2-3所示。

1. 发出索赔意向通知

按照合同条件的规定，凡是非承包商原因引起工程拖期或工程成本增加时，承包商有权提出索赔。当索赔事件发生时，承包商一方面用书面形式向业主或监理工程师发出索赔意向通知书，另一方面，应继续施工，不影响施工的正常进行。索赔意向通知是一种维护自身索赔权利的文件。例如，按照FIDIC第四版的规定，在索赔事项发生后的28天内向工程师正式提出书面的索赔通知，并抄送业主。项目部的合同管理人员或其中的索赔工作人员根据具体情况，在索赔事项发生后的规定时间内正式发出索赔通知书，以防丧失索赔权。

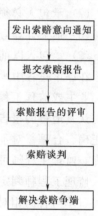

图2-3 索赔程序示意图

索赔意向通知，一般仅仅是向业主或监理工程师表明索赔意向，所以应当简明扼要。通常只要说明以下几点内容即可：索赔事由的名称、发生的时间、地点、简要事实情况和发展动态；索赔所引证的合同条款；索赔事件对工程成本和工期产生的不利影响，进而提出自己的索赔要求即可。至于要求的索赔款额，或工期应补偿天数及有关的证据资料在合同规定的时间内报送。

索赔意向通知，通常包括以下四个方面的内容：

（1）事件发生的时间和情况的简单说明。

（2）合同依据的条款和理由。

（3）有关后续资料的提供，包括及时记录和提供事件发展的动态。

（4）对工程成本和工期产生的不利影响的严重程度，以期引起监理工程师（发包人）的注意。

一般索赔意向通知仅仅是表明意向，应简明扼要，涉及索赔内容但不涉及索赔金额。

2. 索赔资料的准备及索赔报告的提交

在正式提出索赔要求后，承包商应抓紧准备索赔资料，计算索赔值，编写索赔报告，并在合同规定的时间内正式提交。如果索赔事项的影响具有连续性，即事态还在继续发展，则按合同规定，每隔一定时间监理工程师报送一次补充资料，说明事态发展情况。在索赔事项的影响结束后的规定时间内报送此项索赔的最终报告，附上最终账目和全部证据资料，提出具体的索赔额，要求业主或监理工程师审定。

3. 索赔报告的评审

监理工程师接到承包商的索赔报告后，应该马上仔细阅读报告，并对不合理的索赔进行反驳或提出质疑，监理工程师将自己掌握的资料和处理索赔的工作经验可能就以下问题提出质疑：

（1）索赔事件不属于发包人和监理工程师的责任，而是第三方的责任。

（2）事实和合同依据不足。

（3）承包人未能遵守索赔意向通知的要求。

（4）合同中的开脱责任条款已经免除了发包人补偿的责任。

（5）索赔是由不可抗力引起的，承包人没有划分和证明双方责任的大小。

（6）承包人没有采取适当措施避免或减少损失。

（7）承包人必须提供进一步的证据。

（8）损失计算夸大。

（9）承包人以前已明示或暗示放弃了此次索赔的要求等。

在评审过程中承包人必须对监理工程师提出的各种质疑做出圆满的答复。

业主或监理工程师在接到承包商的索赔报告后，应当站在公正的立场，以科学的态度及时认真地审阅报告，重点审查承包商索赔要求的合理性和合法性，审查索赔值的计算是否正确、合理。对不合理的索赔要求或不明确的地方提出反驳和质疑，或要求做出解释和补充。监理工程师可在业主的授权范围内作出自己独立的判断。

监理工程师判定承包商索赔成立的条件：

（1）与合同相对照，事件已造成了承包商施工成本的额外支出，或直接工期损失。

（2）造成费用增加或工期损失的原因，按合同约定不属于承包商的行为责任或风险责任。

（3）承包商按合同规定的程序提交了索赔意向通知和索赔报告。

上述三个条件没有先后主次之分，应当同时具备。只有工程师认定索赔成立后，才按一定程序处理。

4. 索赔谈判

经过监理工程师对索赔报告的评审，与承包人进行了较充分的讨论后，监理工程师应提出索赔处理决定的初步意见，并参加发包人和承包人进行的索赔谈判。通过谈判，做出索赔的最后决定。

业主或监理工程师经过对索赔报告的评审后，由于承包商常常需要作出进一步的解释和补充证据，而业主或监理工程师也需要对索赔报告提出的初步处理意见作出解释和说明。因此，业主、监理工程师和承包商三方就索赔的解决要进行进一步的讨论、磋商，即谈判。这里可能有复杂的谈判过程。对经谈判达成一致意见的，做出索赔决定。若意见达不成一致，则产生争执。

在经过认真分析研究与承包商、业主广泛讨论后，工程师应该向业主和承包商提出自己的《索赔处理决定》。监理工程师收到承包商送交的索赔报告和有关资料后，于合同规定的时间内（如28天）给予答复，或要求承包商进一步补充索赔理由和证据。工程师在规定时间内未予答复或未对承包商做出进一步要求，则视为该项索赔已经认可。

监理工程师在《索赔处理决定》中应该简明地叙述索赔事项、理由和建议给予补偿的金额及（或）延长的工期。《索赔评价报告》则是作为该决定的附件提供的。它根据监理工程师所掌握的实际情况详细叙述索赔的事实依据、合同及法律依据，论述承包商索赔的合理方面及不合理方面，详细计算应给予的补偿。《索赔评价报告》是监理工程师站在公正的立场上独立编制的。

当监理工程师确定的索赔额超过其权限范围时，必须报请业主批准。

业主首先根据事件发生的原因、责任范围、合同条款审核承包商的索赔申请和工程师的处理报告，再依据工程建设的目的、投资控制、竣工投产日期要求以及针对承包商在施工中的缺陷或违反合同规定等的有关情况，决定是否批准监理工程师的处理意见，而不能超越合同条款的约定范围。索赔报告经业主批准后，监理工程师即可签发有关证书。

5. 索赔争端的解决（谈判）

如果业主和承包商通过谈判不能协商解决索赔，就可以将争端提交给监理工程师解决，监理工程师在收到有关解决争端的申请后，在一定时间内要作出索赔决定。业主或承包商如果对监理工程师的决定不满意，可以申请仲裁或起诉。争议发生后，在一般情况下，双方都应继续履行合同，保持施工连续，保护好已完工程。只有当出现单方违约导致合同确已无法履行，双方协议停止施工；调解要求停止施工，且为双方接受；仲裁机关或法院要求停止施工等情况时，当事人方可停止履行施工合同。

索赔的成功很大程度上取决于承包商对索赔权的论证和充分的证据材料。即使抓住合同履行中的索赔机会，如果拿不出索赔证据或证据不充分，其索赔要求往往难以成功或被大打折扣。因此，承包商在正式提出索赔报告前的资料准备工作极为重要。这就要求承包商注意记录和积累保存工程施工过程中的各种资料，并可随时从中索取与索赔事件有关的证明资料。

四、索赔报告

索赔报告的编写，应审慎、周密，索赔证据充分，计算结果正确。对于技术复杂或款额巨大的索赔事项，有必要聘用合同专家（律师）或技术权威人士担任咨询，以保证索赔取得较为满意的成果。

索赔报告书的具体内容，随该索赔事项的性质和特点而有所不同。但一份完整的索赔报告书的必要内容和文字结构方面，它必须包括以下4～5个组成部分。至于每个部分的文字长短，则根据每一索赔事项的具体情况和需要来决定。

（1）总论部分。

（2）合同引证部分。

（3）索赔款额计算部分。

（4）工期延长论证部分。

（5）证据部分。

五、索赔值的计算

工程索赔报告最主要的两部分是：合同论证部分和索赔计算部分，合同论证部分的任务是解决索赔权是否成立的问题，而索赔计算部分则确定应得到多少索赔款额或工期补偿，前者是定性的，后者是定量的。索赔的计算是索赔管理的一个重要组成部分。

（一）工期索赔值的计算

1. 工期索赔的原因

在施工过程中，由于各种因素的影响，使承包商不能在合同规定的工期内完成工程，造成工程拖期。造成拖期的一般原因如下。

（1）非承包商的原因（可原谅拖期）。由于下列非承包商原因造成的工程拖期，承包商有权获得工期延长；原因可归结为以下三大类：第一类是业主的原因，如未按规定时间提供现场和道路占有权，增加额外工程等；第二类是工程师的原因，如设计变更、未及时提供施工图纸等；第三类是不可抗力的原因，如地震、洪水等。

（2）承包商原因（不可原谅拖期）。承包商在施工过程中可能由于表2-24中所列原因，造成工程延误。

2. 工程拖期的种类及处理措施

两种情况下的工期索赔可按表2-24处理。

表 2-24　　　　　　　　　　工 期 索 赔 处 理 原 则

索赔原因	是否可原谅	拖期原因	责任者	处理原则	索赔结果
工程进度拖延	可原谅拖期	修改设计 施工条件变化 业主原因拖期 工程师原因拖期	业主	可给予工期延长，可补偿经济损失	工期＋经济补偿
		异常恶劣气候 工人罢工 天灾	客观原因	可给予工期延长，不给予补偿经济	工期
	不可原谅拖期	工效不高 施工组织不好 设备材料供应不及时	承包商	不延长工期，不补偿损失 向业主支付误期损害赔偿费	索赔失败；无权索赔

3. 共同延误下工期索赔的处理方法

承包商、工程师或业主，或某些客观因素均可造成工程拖期。但在实际施工过程中，工程拖期经常是由上述两种以上的原因共同作用产生的，在这种情况下，称为共同延误。

主要有两种情况：在同一项工作上同时发生两项或两项以上延误；在不同的工作上同

时发生两项或两项以上延误。

4. 工期补偿量的计算

(1) 有关工期的概念。

1) 计划工期, 就是承包商在投标报价文件中申明的施工期, 即从正式开工日起至建成工程所需的施工天数。一般即为业主在招标文件中所提出的施工期。

2) 实际工期, 就是在项目施工过程中, 由于多方面干扰或工程变更, 建成该项工程上所花费的施工天数。如果实际工期比计划工期长的原因不属于承包商的责任, 则承包商有权获得相应的工期延长, 即工期延长量＝实际工期－计划工期。

3) 理论工期, 是指较原计划拖延了的工期。如果在施工过程中受到工效降低和工程量增加等诸多因素的影响, 仍按照原定的工作效率施工, 而且未采取加速施工措施时, 该工程项目的施工期可能拖延甚久, 这个被拖延了的工期, 被称为"理论工期", 即在工程量变化、施工受干扰的条件下, 仍按原定效率施工、而不采取加速施工措施时, 在理论上所需要的总施工时间。在这种情况下, 理论工期即是实际工期。各工期之间的关系如图2-4所示。

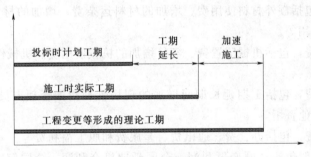

图2-4 各工期之间的关系

(2) 工期补偿量的计算方法。工程承包实践中, 对工期补偿量的计算有下面几种方法。

1) 工期分析法。即依据合同工期的网络进度计划图或横道图计划, 考察承包商按监理工程师的指示, 完成各种原因增加的工程量所需用的工时, 以及工序改变的影响, 算出实际工期以确定工期补偿量。

【案例2-3】 某工程在施工时因业主提供的钢筋不合格, 改换合格钢筋使该项作业从8月10~18日停工 (该项作业的总时差为零)。9月15~17日因停水、停电使第三层的砌砖停工 (该项作业的总时差为4天)。10月22~25日砂浆搅拌机故障使第一层抹灰延迟开工 (该作业的总时差为6天)。试计算工期索赔值。

解: 事件一: 8月10~18日, 改换合格钢筋停工。此事件因业主所致, 属于干扰事件, 该作业在关键线路上, 应给予补偿9天;

事件二: 9月15~17日, 停水、停电, 承包商无过错, 属于干扰事件。但该作业在非关键线路上, 且影响时间未超过总时差4天, 不予补偿。

事件三: 10月22~25日砂浆搅拌机故障, 责任在于承包商, 不属于干扰事件, 不予补偿。

综上所述，应给予承包商的工期补偿为：9＋0＋0＝9（天）

2）实测法。承包商按监理工程师的书面工程变更指令，完成变更工程所用的实际工时。

3）类推法。按照合同文件中规定的同类工作进度计算工期延长。

4）工时分析法。某一工种的分项工程项目延误事件发生后，按实际施工的程序统计出所用的工时总量，然后按延误期间承担该分项工程工种的全部人员投入来计算要延长的工期。

（二）费用索赔值的计算

1. 索赔款的组成

工程索赔时可索赔费用的组成部分，同工程承包合同价所包含的组成部分一样，包括直接费、间接费、利润和其他应补偿的费用。其组成项目如下。

（1）直接费。

1）人工费，包括人员闲置费、加班工作费、额外工作所需人工费用、劳动效率降低和人工费的价格上涨等费用。

2）材料费，包括额外材料使用费、增加的材料运杂费、增加的材料采购及保管费用和材料价格上涨费用等。

3）施工机械费，包括机械闲置费、额外增加的机械使用费和机械作业效率降低费等。

（2）间接费。

1）现场管理费，包括工期延长期间增加的现场管理费如管理人员工资及各项开支、交通设施费以及其他费用等。

2）上级管理费，包括办公费、通讯费、差旅费和职工福利费等。

（3）利润。一般包括合同变更利润、合同延期机会利润、合同解除利润和其他利润补偿。

（4）其他应予以补偿的费用。包括利息、分包费、保险费用和各种担保费等。

2. 索赔款的计价方法

根据合同条件的规定有权利要求索赔时，采用正确的计价方法论证应获得的索赔款数额，对顺利地解决索赔要求有着决定性的意义。实践证明，如果采用不合理的计价方法，没有事实根据地扩大索赔款额，漫天要价，往往使本来可以顺利解决的索赔要求搁浅，甚至失败。因此，客观地分析索赔款的组成部分，并采取合理的计价方法，是取得索赔成功的重要环节。

在工程索赔中，索赔款额的计价方法甚多。每个工程项目的索赔款计价方法，也往往因索赔事项的不同而相异。

（1）实际费用法。实际费用法亦称为实际成本法，是工程索赔计价时最常用的计价方法，它实质上就是额外费用法（或称额外成本法）。

实际费用法计算的原则是，以承包商为某项索赔工作所支付的实际开支为根据，向业主要求经济补偿。每一项工程索赔的费用，仅限于由于索赔事项引起的、超过原计划的费用，即额外费用，也就是在该项工程施工中所发生的额外人工费、材料费和设备费，以及相应的管理费。这些费用即是施工索赔所要求补偿的经济部分。

用实际费用法计价时，在直接费（人工费、材料费、设备费等）的额外费用部分的基础上，再加上应得的间接费和利润，即是承包商应得的索赔金额。因此，实际费用法（即额外费用法）客观地反映了承包商的额外开支或损失，为经济索赔提供了精确而合理的证据。

由于实际费用法所依据的是实际发生的成本记录或单据，所以，在施工过程中系统而准确地积累记录资料，是非常重要的。这些记录资料不仅是施工索赔所必不可少的，亦是工程项目施工总结的基础依据。

（2）总费用法。总费用法即总成本法，就是当发生多次索赔事项以后，重新计算出该工程项目的实际总费用，再从这个实际总费用中减去投标报价时的估算总费用，即为要求补偿的索赔总款额，即：

$$索赔款额＝实际总费用－投标报价估算费用$$

采用总成本法时，一般要有以下的条件：

1）由于该项索赔在施工时的特殊性质，难于或不可能精准地计算出承包商损失的款额，即额外费用。

2）承包商对工程项目的报价（即投标时的估算总费用）是比较合理的。

3）已开支的实际总费用经过逐项审核，认为是比较合理的。

4）承包商对已发生的费用增加没有责任。

5）承包商有较丰富的工程施工管理经验和能力。

在施工索赔工作中，不少人对采用总费用法持批评态度。因为实际发生的总费用中，可能包括了由于承包商的原因（如施工组织不善，工效太低，浪费材料等）而增加了的费用；同时，投标报价时的估算费用却因想竞争中标而过低。因此，这种方法只有在实际费用难以计算时才使用。

（3）修正的总费用法。修正的总费用法是对总费用法的改进，即在总费用计算的原则上，对总费用法进行相应的修改和调整，去掉一些比较不确切的可能因素，使其更合理。

用修正的总费用法进行的修改和调整内容，主要如下：

1）将计算索赔款的时段仅局限于受到外界影响的时间（如雨季），而不是整个施工期。

2）只计算受影响时段内的某项工作所受影响的损失，而不是计算该时段内所有施工工作所受的损失。

3）在受影响时段内受影响的某项工程施工中，使用的人工、设备、材料等资源均有可靠的记录资料，如工程师的施工日志，现场施工记录等。

4）与该项工作无关的费用，不列入总费用中。

5）对投标报价时的估算费用重新进行核算。按受影响时段内该项工作的实际单价进行计算，乘以实际完成的该项工作的工程量，得出调整后的报价费用。

经过上述各项调整修正后的总费用，已相当准确地反映出实际增加的费用，作为给承包商补偿的款额。

据此，按修正后的总费用法支付索赔款的公式是：

$$索赔款额＝某项工作调整后的实际总费用－该项工作的报价费用$$

修正的总费用法，同未经修正的总费用法相比较，有了实质性地改进，使它的准确程度接近于"实际费用法"，容易被业主及工程师所接受。因为修正的总费用法仅考虑实际上已受到索赔事项影响的那一部分工作的实际费用，再从这一实际费用中减去投标报价书中的相应部分的估算费用。如果投标报价的费用是准确而合理的，则采用此修正的总费用法计算出来的索赔款额，很可能同采用实际费用法计算出来的索赔款额十分贴近。

(4) 分项法。是按每个索赔事件所引起损失的费用项目分别分析计算索赔值的一种方法。在实际中，绝大多数工程的索赔都采用分项法计算。

分项法计算法通常分三步：

1) 分析每个或每类索赔事件所影响的费用项目，不得有遗漏。这些费用项目通常应与合同报价中的费用项目一致；

2) 计算每个费用项目受索赔事件影响后的数值，通过与合同价中的费用值进行比较即可得到该项费用的索赔值；

3) 将各费用项目的索赔值汇总，得到总费用索赔值。分项法中索赔费用主要包括该项工程施工过程中所发生的额外人工费、材料费、施工机械使用费、相应的管理费以及应得的间接费和利润等。由于分项法所依据的是实际发生的成本记录或单据，所以，施工过程中，对第一手资料的收集整理就显得非常重要了。

【案例 2－4】 某分包商承包某工程的土方挖填工作，挖填方总量为 1200m³，计划 8 天完成，每天 1 台推土机，8 名工人。台班预算单价为 600 元/台班，人工预算单价为 35 元/工日，管理费率 9.5％，利润率 5％。施工过程中，由于总承包商的干扰，使这项工作用了 12 天才完成，而每天出勤的设备和人数均不变。试替该分包商向总承包商提出该事件使工效降低的索赔要求。

解： 因工效降低而使工期加长、产生附加开支

则
$$工期索赔值＝12－8＝4（天）$$

超过原定计划 4 天的施工费用如下：

$$人工费＝4×8×35＝1120（元）$$

$$施工机械使用费＝4×600＝2400（元）$$

$$管理费＝（人工费＋施工机械使用费）×管理费率$$

$$＝（1120＋2400）×9.5％＝334.4（元）$$

$$利润＝（人工费＋施工机械使用费＋管理费）×利润率$$

$$＝（1120＋2400＋334.4）×5％$$

$$＝192.7（元）$$

工效降低的费用索赔额为：

$$1120＋2400＋334.4＋192.7＝4047.1（元）$$

(5) 合理价值法。合理价值法是一种按照公正调整理论进行补偿的做法，亦称为按价偿还法。

在施工过程中，当承包商完成了某项工程但受到经济亏损时，他有权根据公正调整理论要求经济补偿。但是，或由于该工程项目的合同条款对此没有明确的规定，或者由于合同已被终止，在这种情况下，承包商按照合理价值法的原则仍然有权要求对自己已经完成

的工作取得公正合理的经济补偿。

六、索赔的策略和技巧

（一）索赔的策略

工程索赔是一门涉及面广，融技术、经济、法律为一体的边缘学科，它不仅是一门科学，也是一门艺术。要想索赔成功，必须要有强有力的、稳定的索赔班子，正确的索赔战略和机动灵活的索赔技巧是取得索赔成功的关键。

（1）组建强有力的、稳定的索赔班子。

（2）确定索赔目标。

（3）对被索赔方的分析。

（4）承包人的经营战略分析。

（5）相关关系分析。

（6）谈判过程分析。

（二）索赔的技巧

索赔的技巧是为索赔的策略目标服务的，因此，在确定了索赔的策略目标之后，索赔技巧就显得格外重要，它是索赔策略的具体体现。索赔技巧应因人、因客观环境条件而异。

（1）要及早发现索赔机会。

（2）商签好合同协议。

（3）对口头变更指令要得到确认。

（4）及时发出"索赔通知书"。

（5）索赔事件论证要充足。

（6）索赔计价方法和款额要适当。

（7）力争单项索赔，避免总索赔。

（8）力争友好解决，防止对立情绪。

（9）注意同监理工程师搞好关系。

七、反索赔

（一）反索赔概述

1. 建设工程反索赔的概念和特点

（1）建设工程反索赔的概念。反索赔是相对于索赔而言的。在工程索赔中，反索赔通常指发包人向承包人的索赔。由于承包商不履行或不完全履行约定的义务，或是由于承包商的行为使业主受到损失时，业主为了维护自己的利益，向承包商提出的索赔。

由此可见，业主对承包商的反索赔包括两个方面：其一是对承包商提出的索赔要求进行分析、评审和修正，否定其不合理的要求，接受其合理的要求；其二是对承包商在履约中的其他缺陷责任，独立地提出损失补偿要求。

（2）建设工程反索赔的特点。

1）索赔与反索赔的同时性。在工程索赔过程中，承包商的索赔与发包人的反索赔总是同时进行的，这就是通常所说的"有索赔就有反索赔"。

2）技巧性强。索赔本身就是属于技巧性的工作，反索赔必须对承包人提出的索赔进行反驳，因此它必须具有更高水平的技巧性，反索赔处理不当就会引起诉讼。

3）发包人地位的主动性。在反索赔过程中，发包人始终处于主动有利的地位，发包人在经工程师证明承包人违约后，可以直接从应付工程款中扣回款项，或者从银行保函中得以补偿。

2. 反索赔的意义

（1）减少和防止损失的发生。

（2）避免被动挨打的局面。

（3）不能进行有效的反索赔，同样也不能进行有效的索赔。

所以索赔和反索赔是不可分离的。人们必须同时具备这两个方面的本领。

3. 反索赔的原则

反索赔的原则是，以事实为根据，以合同和法律为准绳，实事求是地认可合理的索赔要求，反驳、拒绝不合理的索赔要求，按合同法原则公平合理地解决索赔问题。

4. 反索赔的主要步骤

在接到对方索赔报告后，就应着手进行分析、反驳。反索赔与索赔有相似的处理过程。通常对对方提出的重大的或总索赔的反驳处理过程，详见图2-5。

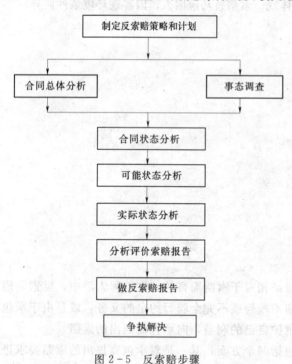

图2-5 反索赔步骤

（二）索赔反驳

1. 索赔事件的真实性

不真实，不肯定，没有根据或仅出于猜测的事件是不能提出索赔的。事件的真实性可以从两个方面证实：

（1）对方索赔报告后面的证据。不管事实如何，只要对方索赔报告上未提出事件经过的有力证据，我方即可要求对方补充证据，或否定索赔要求。

（2）我方合同跟踪的结果。从其中寻找对对方不利的、构成否定对方索赔要求的证据。

2. 索赔理由分析

反索赔与索赔一样，要能找到对自己有利的法律条文，推卸自己的合同责任；或找到对对方不利的法律条文，使对方不能推卸或不能完全推卸自己的合同责任。这样可以从根本上否定对方的索赔要求。例如，对方未能在合同规定的索赔有效期内提出索赔，故该索赔无效。

3. 干扰事件责任分析

干扰事件和损失是存在的，但责任不在我方。通常有：

（1）责任在于索赔者自己，由于他疏忽大意、管理不善造成损失，或在干扰事件发生后未采取有效措施降低损失等，或未遵守监理工程师的指令、通知等。

（2）干扰事件是其他方面引起的，不应由我方赔偿。

（3）合同双方都有责任，则应按各自的责任分担损失。

4．干扰事件的影响分析

分析索赔事件和影响之间是否存在因果关系。可通过网络计划分析和施工状态分析两方面得到其影响范围。如在某工程中，总承包人负责的某种安装设备配件未能及时运到工地，使分包人安装工程受到干扰而拖延，但拖延天数在该工程活动的时差范围内，不影响工期。且总包已事先通知分包人，而施工计划又允许人力作调整，则不能对工期和劳动力损失作索赔。

5．证据分析

（1）证据不足，即证据还不足以证明干扰事件的真相、全过程或证明事件的影响，需要重新补充。

（2）证据不当，即证据与本索赔事件无关或关系不大。证据的法律证明效力不足，使索赔不能成立。

（3）片面的证据，即索赔者仅出具对自己有利的证据，如合同双方在合同实施过程中，对某问题进行过两次会谈，作过两次不同决议，则按合同变更次序，第二次决议的法律效力应优先于第一次决议。如果在该问题相关的索赔报告中仅出具第一次会谈纪要作为双方决议的证据，则它是片面的、不完全的，片面的证据，索赔是不成立的。

（4）尽管对某一具体问题合同双方有过书面协商，但未签署附加协议，则这些书面协商无法律约束力，不能作为证据。

6．索赔值审核

如果经过上面的各种分析、评价仍不能从根本上否定该索赔要求，则必须对最终认可的合情合理合法的索赔要求进行认真细致的索赔值的审核。因为索赔值的审核工作量大，涉及资料多，过程复杂，要花费许多时间和精力，这里还包含许多技术性工作。

实质上，经过我方在事态调查和收集、整理工程资料的基础上进行合同状态、可能状态、实际状态分析，已经很清楚地得到对方有理由提出的索赔值，按干扰事件和各费用项目整理，即可对对方的索赔值计算进行对比、审查和分析，双方不一致的地方也一目了然。对比分析的重点在于：

（1）各数据的准确性。对索赔报告中所涉及的各个计算基础数据都必须作审查、核对，以找出其中的错误和不恰当的地方。例如：工程量增加或附加工程的实际量方结果；工地上劳动力、管理人员、材料、机械设备的实际使用量；支出凭证上的各种费用支出；各个项目的"计划—实际"量差分析；索赔报告中所引用的单价；各种价格指数等。

（2）计算方法的合情、合理、合法性。尽管通常都用分项法计算，但不同的计算方法对计算结果影响很大。在实际工程中，这方面争执常常很大，对于重大的索赔，须经过双方协商谈判才能对计算方法达到一致。例如：公司管理费的分摊方法；工期拖延的计算方法；双方都有责任的干扰事件，如何按责任大小分摊。

学习项目三　实　训　项　目

学习单元一　基础单价分析

一、教师教学指导参考

实训计划安排表见表 3-1。

表 3-1　　　　　　　　　　实 训 计 划 安 排 表

单 价 名 称	课　时		
人工预算单价	4		
材料预算价格	4		
施工用电、水、风价格 施工机械台时费	4		
混凝土材料、砂浆材料单价	4		

二、实训准备

（一）工具准备

《水利施工机械台时费定额》《水利建筑工程概算定额》（上、下）。

（二）计算表格

计算表格见表 3-2～表 3-7。

表 3-2　　　　　　　　　　人工预算价格计算表

地区类别		定额人工等级	
序号	项目	计算式	合价
一	基本工资		
二	辅助工资		
1	地区津贴		
2	施工津贴		
3	夜餐津贴		
4	节日加班津贴		
三	工资附加费		
1	职工福利费		
2	工会经费		
3	养老保险费		
4	医疗保险费		
5	工伤保险费		
6	职工失业保险基金		
7	住房公积金		
	人工工日单价/（元/工日）		
	人工工时单价/（元/工时）		

表 3 - 3 　　　　　　　　　　主要材料预算价格计算表　　　　　　　　　　单位：元

序号	名称及规格	单位	价格				预算价格
			原价	运杂费	运输保险费	采购及保管费	
1	水泥	t					
(1)	42.5级普通硅酸盐水泥	t					
(2)	32.5级普通硅酸盐水泥	t					
2	钢材	t					
(1)	ϕ16～18mm 光面钢筋	t					
(2)	ϕ25MnSi 钢筋	t					
(3)	型钢	t					
(4)	钢板（8～16mm）	t					
(5)	钢模板	t					
3	油料	t					
(1)	汽油	t					
(2)	柴油	t					
4	炸药	t					
(1)	2 号岩石铵梯炸药	t					
(2)	4 号抗水岩石铵梯炸药	t					
5	块石	m³					
6	条石	m³					
7	混凝土骨料	m³					
8	砂子	m³					

注　各种材料的分别运输保险费率为：水泥 6‰；钢材 8‰；油料 10‰；炸药 12‰。

表 3 - 4 　　　　　　　　　　主要材料运杂费计算表

交货地点		运输方式		装卸次数		毛重系数	
编号	运输费用项目	供货地点	运距/km	单位运价	单位	计算式	合价
1	运输费						
2	装车费						
3	卸车费						
4	杂费						
	合计						

表 3-5

施工机械台时费计算表

费用类别	费用项目	单位	单价	名称												
				规格												
				数量	合价	数量	合价	数量	合价	数量	合价	数量	合价	数量	合价	
一类费用	折旧费															
	修理及替换设备费															
	安装拆卸费															
	小计															
二类费用	人工															
	汽油															
	柴油															
	电															
	水															
	风															
	煤															
	小计															
	合计															
	定额编号															

表 3 - 6 混凝土材料单价计算表

序号	混凝土强度等级	水泥强度等级	水灰比	级配	配合比				预算量												合计
									水泥		砂子		石子		粉煤灰		外加剂		水		
					水泥	砂子	石子	粉煤灰	数量	单价	数量	单价	数量	单价	数量	单价	数量	单价	数量	单价	

表 3 - 7 水泥砂浆材料单价计算表

砂浆类别	砂浆强度等级	水泥/kg		砂/m³		水/m³		合计
		数量	单价	数量	单价	数量	单价	

三、实训步骤、过程

（一）人工预算单价

（1）根据前述知识准备内容，计算工长、高级工、中级工、初级工的人工预算单价。其中，项目所属地区类别、地区津贴标准、养老保险、工伤保险费率已知。

（2）按照公式分别计算出基本工资、辅助工资中的四项、工资附加费中的七项。

（3）人工预算单价（元/工日）＝基本工资＋辅助工资＋工资附加费。

（4）人工预算单价（元/工时）＝人工预算单价（元/工日）÷8（工时/工日）。

【案例 3 - 1】 在十一类地区兴建一座水利枢纽工程，试计算中级工人工预算单价。已知：地区津贴 50 元/月，养老保险费率 20％，住房公积金 5％。

解：（1）基本工资＝400×1.1304×12÷251×1.068＝23.087（元/工日）

（2）辅助工资

1）地区津贴＝50×12÷251×1.068＝2.553（元/工日）

2）施工津贴＝5.3×365×95％÷251×1.068＝7.820（元/工日）

3）夜餐津贴＝（4.5＋3.5）÷2×30％＝1.200（元/工日）

4）节日加班津贴＝23.087×3×10÷251×35％＝0.966（元/工日）

辅助工资＝1）＋2）＋3）＋4）＝12.539（元/工日）

（3）工资附加费

1）职工福利基金＝（23.087＋12.539）×14％＝4.988（元/工日）

2）工会经费＝（23.087＋12.539）×2％＝0.712（元/工日）

3）养老保险费＝（23.087＋12.539）×20％＝7.125（元/工日）

4）医疗保险费＝（23.087＋12.539）×4％＝1.425（元/工日）

5）工伤保险费＝（23.087＋12.539）×1.5％＝0.534（元/工日）

6) 职工失业保险基金＝(23.087＋12.539)×2％＝0.712(元/工日)

7) 住房公积金＝(23.087＋12.539)×5％＝1.781(元/工日)

工资附加费＝1)＋2)＋3)＋4)＋5)＋6)＋7)＝17.277(元/工日)

人工工日预算单价＝23.087＋12.539＋17.277＝52.093(元/工日)

人工工时预算单价＝52.093÷8＝6.613(元/工时)

（二）材料预算价格

价格分析步骤：

（1）原价市场询价。

（2）运杂费计算（根据表格）。

（3）运输保险费计算。

$$运输保险费＝材料原价×运输保险费率$$

（4）采购及保管费计算。

$$采购及保管费＝(材料原价＋运杂费)×采购及报关费率$$

（5）材料预算价格计算。

$$材料预算价格＝材料原价＋运杂费＋运输保险费＋采购及保管费$$

【案例3-2】 计算某水利工程渡槽用水泥，水泥由某水泥厂直供，强度等级为42.5MPa，其中袋装水泥占10％，散装水泥占90％，平均市场价为450元/t，运输路线、运输方式和各项费用分别如下：

自水泥厂通过公路运往工地仓库，其中袋装运杂费23元/t，散装运杂费12元/t，从仓库至拌和楼由汽车运送，运费2元/t，进罐费1.8元/t，运输保险费率按1％计，采购保管费率按3％计，不计包装费回收。试计算水泥预算价格。

解：水泥运杂费＝水泥厂至分仓库平均运杂费＋工地分仓库至拌和楼平均运杂费

$$＝23×10％＋12×90％＋2＋1.8＝16.90（元/t）$$

水泥运输保险费＝水泥市场价×运输保险费＝450×1％＝4.50（元/t）

水泥预算价格＝(水泥原价＋运杂费)×(1＋采购保管费率)＋运输保险费

$$＝(450＋16.90)×(1＋3％)＋4.50＝485.41(元/t)$$

（三）施工用电、水、风价格，施工机械台时费

1. 施工机械台时费计算

（1）根据机械类型查定额，确定一类费用（价目表），注意调整。

（2）查定额得到二类费用中的实物量，根据"实物量×对应单价"确定合价，累计得二类费用。

（3）施工机械台时费＝一类费用＋二类费用。

【案例3-3】 一台70t汽车起重机每工作一小时的折旧费339.28元，修理及替换设备费174.06元，无安装拆卸费且一类费用无需调整。二类费用中，人工2.7工时，柴油21.0kg。若中级工的人工预算单价为3.87元/工时，柴油4.88元/kg，试计算它的台时费。

解：一类费用＝折旧费＋替换设备费＋安装拆卸费＝339.28＋174.06＝513.34（元）

二类费用＝2.70×3.87＋21.00×4.88＝112.93（元）

70t汽车起重机的台时费＝一类费用＋二类费用＝513.34＋112.93＝626.27（元）

96

2. 施工用电价计算

(1) 根据公式计算电网供电价格。

(2) 计算柴油发电机或柴油发电机和冷却水泵的台时费，根据冷却方式，选用公式计算自发电价格。

(3) 计算综合电价。

综合电价＝电网供电价格×电网供电比例＋自发电价格×自发电价格

其中：电网供电比例＋自发电比例＝100％。

【案例 3-4】 某水利枢纽工程电网供电占 97％，自备柴油发电机组（400kW3 台）供电占 3％，采用循环冷却水冷却，其摊销费为 0.03 元/(kW·h)，电网基本电价 0.460 元/(kW·h)，柴油发电机出力系数 0.80，厂用电率 5％，变配电设备及配电线路损耗率取 6％，高压输电线路损耗率 4％，供电设施维修摊销费为 0.03 元/(kW·h)，柴油发电机组的台时费为 240.60 元/台时，根据以上条件，计算施工用电综合电价。

解：(1) 外购电电价＝基本电价÷[(1－高压输电线路损耗率)×(1－变配电设备及配电线路损耗率)]＋供电设施维修摊销费

＝0.460÷[(1－6％)×(1－4％)]＋0.03

＝0.540[元/(kW·h)]

(2) 自发电电价＝柴油发电机组组时总费用÷[柴油发电机额定容量之和×柴油发电机的能量利用系数×(1－厂用电率)×(1－变配电设及配电线路损耗率)]＋循环冷却水摊销费＋供电设施维修摊销费

＝240.60×3÷[400×3×0.80×(1－5％)×(1－6％)]＋0.03＋0.03

＝0.902[元/(kW·h)]

(3) 综合电价＝外购电电价×外购电比例＋自发电电价×自发电比例

＝0.540×97％＋0.902×3％＝0.551 [元/(kW·h)]

3. 施工用水价格

(1) 计算所用水泵的台时费，根据公式计算某级提水价格。

(2) 计算某级水价。某级水价＝上一级水价＋该级提水价格。

【案例 3-5】 某水利工程施工用水分左右岸两个取水点，左岸设三级供水，右岸设两级供水，供水系统主要技术指标见表 3-8，水泵出力系数为 0.80，供水损耗率取 12％，供水设施的维修摊销费取 0.03 元/m³，试计算施工用水综合水价。

表 3-8　　　　　　　　　　　主 要 技 术 指 标 表

位置		水泵	台数	水泵额定容量/(m³/h)	水泵台时单价/(元/台时)	设计用水量/(m³/组时)
左岸	一级泵站	A	4	972	125.44	0
	二级泵站	B	4	892	88.29	2250
	三级泵站	C	1	155	103.81	100
	小计					2350

位置	水泵	台数	水泵额定容量 /(m³/h)	水泵台时单价 /(元/台时)	设计用水量 /(m³/组时)
	一级泵站	D	2	160	33.61	150
右岸	二级泵站	E	1	55	28.78	55
	小计					205

解：(1) 左岸。

一级泵站供水水价$=125.44\times4\div[(972\times4)\times0.80\times(1-12\%)]+0.03$
$$=0.213(元/m^3)$$

二级泵站供水水价$=0.213+\{88.29\times4\div[892\times4\times0.80\times(1-12\%)]\}+0.03$
$$=0.384(元/m^3)$$

三级泵站供水水价$=0.384+\{103.81\times1\div[155\times1\times0.80\times(1-12\%)]\}+0.03$
$$=1.366(元/m^3)$$

(2) 右岸。

一级泵站供水水价$=33.61\times2\div[(160\times2)\times0.80\times(1-12\%)]+0.03$
$$=0.328(元/m^3)$$

二级泵站供水水价$=0.328+\{28.78\times1\div[55\times1\times0.80\times(1-12\%)]\}+0.03$
$$=1.101(元/m^3)$$

(3) 综合水价$=0.384\times2250\div2555+1.366\times100\div2555+0.328\times150\div2555$
$$+1.101\times55\div2555$$
$$=0.435（元/m^3)$$

4. 施工用风价格

(1) 计算空气压缩机或空气压缩机和冷却水泵的台时费。

(2) 选用公式计算风价。

【案例 3-6】 某水利工程供风系统所配备的空压机的数量及主要技术指标见表 3-9。

表 3-9　　　　　　　　主要技术指标表

空压机规格	额定容量/(m³/min)	数量/台	台时单价/(元/台时)
固定式空压机	20	3	66.04
移动式空压机	6	3	27.03

若能量利用系数取 0.75，供风损耗率取 10%，循环水冷却，循环冷却水摊销费 0.005 元/m³，供风设施维修摊销费 0.003 元/m³，根据以上条件，计算施工用风价格。

解：施工用风价格$=66.04\times3+27.03\div[(3\div20\times3+6\times3)\times0.75\times60\times(1-10\%)]$
$$+0.005+0.003$$
$$=0.093(元/m^3)$$

5. 混凝土材料、砂浆材料单价

(1) 混凝土材料、砂浆材料的单价是组成该混合材料的各种材料的费用之和。即
$$混凝土材料或砂浆材料单价=\sum 材料数量\times对应单价$$

(2) "材料数量"为设计试验资料或标准配合比资料（查资料）。

(3) 在表中代入各种材料的单价。

(4) 根据公式计算。

【案例 3－7】 某枢纽的隧洞混凝土衬砌，设计混凝土强度为 C25，采用 42.5 级普通硅酸盐水泥二级配，砂石采用中砂和碎石。已知：42.5 级普通硅酸盐水泥 450 元/t，中砂 90 元/m^3，碎石 70 元/m^3，施工用水 1.80 元/m^3，计算混凝土材料单价。

解：查水利部《水利建筑工程概预算定额》（2002）附录 7，可知 C25 混凝土、42.5 级普通硅酸盐水泥二级配混凝土材料配合比（1m^3）：42.5 级普通硅酸盐水泥 289kg，粗砂 733kg（0.49m^3），卵石 1382kg（0.81m^3），水 0.15m^3。

由于实际混凝土拌和时采用的砂石为碎石和中砂，需要对配合比中各材料用量乘以表 3－10 中的调整系数。

表 3－10 碎石或中、细砂配合比换算系数表

项　　目	水　泥	砂	石　子	水
卵石换为碎石	1.10	1.10	1.06	1.10
粗砂换为中砂	1.07	0.98	0.98	1.07
粗砂换为细砂	1.10	0.96	0.97	1.10
粗砂换为特细砂	1.16	0.90	0.95	1.16

混凝土材料单价＝289×1.10×1.07×0.45＋0.49×1.10×0.98×90＋0.81×1.06×0.98 ×70＋0.15×1.10×1.07×1.80＝259.83（元/m^3）

四、质量要求

（一）人工预算单价

(1) 节日加班津贴中的"基本工资"为第一部分，单位：元/工日。

(2) 初级工人工预算单价计算中，施工津贴、工资附加费（除工伤保险费外）折半。

(3) 为计算工程单价时与定额对应，最后应计算出工时单价。

（二）材料预算价格

(1) 铁路运输费的计算。铁路运输按铁道部现行《铁路货物运价规则》及有关规定计算。

火车整车运输货物，除特殊情况外，一律按车辆标记载重量计量，但实际运输中经常出现不能满载的情况，在计算运杂费时，用装载系数来表示。火车整车装载系数见表3－11。

表 3－11 火车整车运输装载系数

序　号	材　料　名　称		单　位	装　载　系　数
1	水泥、油料		t/（车皮·t）	1.0
2	木材		m^3/（车皮·t）	0.90
3	钢材	大型工程	t/（车皮·t）	0.90
4		中型工程	t/（车皮·t）	0.80～0.85
5	炸药		t/（车皮·t）	0.48～0.52

在火车运输方式中，要确定每一种材料运输中的整车与零担的比例，据以分别计算其运杂费。整车运价比零担运价便宜，所以要尽可能以整车运输方式运输。根据已建大、中

型水利工程实际情况，考虑一部分零担，大型工程可按 10%～20%选取，中型工程按 20%～30%选取，如有实际资料，按实际资料选取。

$$装载系数＝实际运输重量÷运输车辆标记重量$$

（2）公路运杂费计算。公路运杂费按工程所在省、自治区、直辖市交通部门的现行规定计算，汽车运输轻泡货物时，按实际载量计价。

（3）水路运杂费计算。水路运输包括内河运输和海洋运输，其运杂费按交通航运部门现行有关规定计算。

（4）毛重系数计算。

$$毛重系数＝毛重÷净重$$

（5）实际运输费计算。

$$实际运输费＝理论运输费×毛重系数÷装载系数$$

（三）施工机械台时费

（1）一类费用定额表现形式为价目表，是以定额编制年的市场价格计算的，使用时需调整。

（2）二类费用为实物量，无需调整。

（四）施工用电、水、风价格

1. 外购电与自发电的电量比例按施工组织设计确定

有两种或两种以上供电方式的工程，综合电价可按其供电比例加权平均计算。以外购电为主的工程，自发电比例一般不宜超过 5%。

2. 水价计算

供水系统为一级供水，直接用公式计算即可；当供水系统为多级供水，下一级的供水价格应是以上一级供水价格为基础，依此类推。施工用水综合价格应以用水量加权平均。

3. 施工用风价格较小，注意经验数据的选用

五、学生实训练习页

（一）人工预算价格计算资料

某水电站工程位于十一类地区，地区津贴 30 元/月，养老保险费率 20%，住房公积金率 6%。试计算该项目中工长、高级工、中级工、初级工的人工预算价格。

（二）材料预算价格计算资料

主要材料运杂费计算资料和预算价格计算表见表 3-12 和表 3-13。

表 3-12　　　　　　　　主要材料运杂费计算资料

材料名称	供货地点	运距/km	单位运价/元	毛重系数	装车费/元	卸车费/元	杂费/元
水泥	A	91	0.52	1.01	2.0	1.6	2.0
钢材	B	431	0.56	1.00	2.0	1.6	2.0
油料	C	83	0.70	1.15	2.0	1.6	2.0
炸药	B	431	0.85	1.03	2.0	1.6	2.0
块、条石	D	4	0.52	1.00	1.6	1.2	0.0
混凝土骨料	D	4	0.52	1.00	1.6	1.2	0.0
砂子	D	4	0.52	1.00	1.6	1.2	0.0

序号	名称及规格	单位	预算价格	价格/元			
				原价	运杂费	运输保险费	采购及保管费
一	水泥						
	32.5 级	t		260			
	42.5 级	t		280			
二	钢材						
1	钢筋						
(1)	$\phi16\sim18mm$ 光面钢筋	t		2400			
(2)	$\phi25MnSi$	t		2600			
2	型钢	t		2700			
3	8～16mm 钢板	t		2800			
三	油料						
1	汽油	t		4000			
2	柴油	t		3800			
四	铵梯炸药						
1	2 号岩石铵梯炸药	t		3700			
2	4 号抗水岩石铵梯炸药	t		4000			
五	块、条石	m^3		70			
六	混凝土骨料	m^3		50			
七	砂子	m^3		40			

注　各种材料的运输保险费率分别是：水泥 6‰、钢材 8‰、油料 8‰、炸药 12‰、砂石料 0。

（三）施工用电、水、风价格计算资料

（1）某水电站施工供电有两种供电方式：外供电和自发电，发电量之比为 97∶3，已知基本资料如下，计算施工电价。

外供电基本电价 0.40 元/(kW·h)，损耗率：高压线路取 5%，变配电设备及配电线路取 8%，供电设施摊销费 0.03 元/(kW·h)；自发电采用柴油发电机 160kW 两台，循环水冷却，单位循环冷却水费 0.05 元/(kW·h)，发电机出力系数 0.80，厂用电率 5%，变配电设备及配电线路损耗率 8%，供电设施摊销费 0.03 元/(kW·h)。

（2）上述水电站供水采用 40kW 离心水泵两台，其能量利用系数 0.80，供水损耗率 8%，供水设施的维修摊销费 0.03 元/m^3，计算水价。

（3）该水电站供风采用 3m^3/min 的空压机 4 台，采用循环水冷却，供风损耗率 10%，供风设施维修摊销费 0.003 元/m^3，能量利用系数 0.75，试计算风价。

（四）施工机械台时费

计算上述资料中柴油发电机、离心水泵、空压机的台时费。

（五）混凝土、砂浆材料单价

根据《水利建筑工程概算定额》中附录，计算强度等级 C10、C15、C20、C25、C30 的混凝土材料单价。强度等级 M5、M7.5、M10、M15 砂浆材料单价。

学习单元二　建筑工程单价分析

一、教师教学指导参考

实训计划安排表见表 3-14。

表 3-14　　　　　　　　　　　　实训计划安排表

单价名称	课时	备注	
土方开挖工程	4		
石方开挖工程	4		
土石填筑工程	4		
混凝土工程	4		
模板工程	2		
钻孔灌浆及锚固工程	2		
疏浚工程	4		
其他工程	2		

二、实训准备

《水利建筑工程概算定额》(上、下)、《水利施工机械台时费定额》、工程单价分析表。

三、实训步骤

(1) 熟悉分析方法。

(2) 根据项目性质、施工组织要求选定对应定额子目。

(3) 分析定额内容、结构确定定额编号、适用范围、定额单位、定额依据、工作内容等，在单价分析表对应的空格填写。

(4) 填表，列项目，同时查对应定额，确定项目名称、单位、数量。

(5) 分析已知条件，代入基础单价、选定费率(税率)。

(6) 若定额子目中存在中间项目，则分析其直接费单价；若项目中有限价材料，且实际价超过限价，则在分析表中列入材料调差价，将该部分材料费分解列出。

(7) 根据"数量×单价=合价"计算各项合价。

(8) 根据"建筑工程单价计算程序表(见表 3-15)"计算其他各项费用，分析单价。

表 3-15　　　　　　　　　　　　建筑工程单价计算程序表

序号	项目	计算公式
一	直接工程费	1+2+3
1	直接费	(1)+(2)+(3)
(1)	人工费	∑定额人工工时量×人工预算单价
(2)	材料费	∑定额材料用量×材料预算价格
(3)	机械费	∑定额机械台时用量×机械台时费
2	其他直接费	1×其他直接费率

序 号	项 目	计 算 公 式
3	现场经费	1×现场经费费率
二	间接费	[一]×间接费率
三	利润	[一+二]×利润率
四	税金	[一+二+三]×税率
	合计	一+二+三+四

【案例3-8】 某土坝工程，采用1m³挖掘机挖装10t自卸汽车运2.3km至料场，土方为Ⅰ~Ⅱ类土。人工、材料、机械预算单价为：初级工2.38元/工时，1m³挖掘机的台时费为153.36元/台时，59kw推土机的台时费为78.91元/台时，10t自卸汽车的台时费为111.24元/台时，其他直接费5.5%，现场经费4%，间接费4%，利润率7%，税率3.22%，试计算土方挖运单价。

解： 查《概算定额》（见附表一），自卸汽车运输距离2.3km，介于10617~10618之间，10t自卸汽车运距2km需7.25台时；运距3km需8.65台时，采用内插法计算：

$$[(8.65-7.25)\div 10]\times 3+7.25=7.67（台时）$$

$$或 8.65-[(8.65-7.25)\div 10]\times 7=7.67（台时）$$

因此，计算得出：10t自卸汽车运距2.3km台时数量为7.67台时，工程单价计算结果见表3-16，土方挖运单价13.75元/m³。

表3-16　　　　　　　　　　　　　土方挖运单价分析表

定额编号	10617~10618	适用范围	露天作业		定额单位	100m³
定额依据	一一36 1m³挖掘机挖土自卸汽车运输		土的级别	Ⅰ、Ⅱ类土	密度	
工作内容			挖装、运输、卸除、空回			
序号	名称及规格	单位	数量	单价/元		合价/元
一	直接工程费					1196.86
1	直接费					1093.02
(1)	人工费					14.99
	初级工	工时	6.3	2.38		14.99
(2)	材料费					42.04
	零星材料费	%	4	1050.98		42.04
(3)	机械使用费					1035.99
	1m³挖掘机	台时	0.95	153.36		145.69
	推土机59kW	台时	0.47	78.91		37.09
	自卸汽车10t	台时	7.67	111.24		853.21
2	其他直接费	%	5.5	1093.02		60.12
3	现场经费	%	4	1093.02		43.72
二	间接费	%	4	1196.86		47.87
三	利润	%	7	1244.73		87.13
四	税金	%	3.22	1331.86		42.89
	合计					1374.75
	每m³					13.75

【案例 3-9】 某工程基础石方开挖，岩石级别Ⅻ级，基础开挖深度 3m，采用手持式风钻钻孔爆破，1m³ 液压挖掘机装石渣 8t 自卸汽车运 6km 弃料，人工、材料及机械单价见表 3-17，其他直接费 5.5%，现场经费 4%，间接费 4%，利润率 7%，税率 3.22%，试计算石方开挖工程单价。

表 3-17　　　　　　　　　人工、机械台时单价汇总表

序号	名称	单位	单价/元	序号	名称	单位	单价/元
1	初级工	工时	2.38	7	导火线	m	0.5
2	中级工	工时	3.87	8	1m³ 液压挖掘机	台时	153.36
3	工 长	工时	5.48	9	推土机 88kW	台时	133.54
4	合金钻头	个	120.0	10	8t 自卸汽车	台时	95.43
5	炸 药	kg	6.0	11	风钻手持式	台时	26.21
6	火雷管	个	0.8				

解： 查《概算定额》（见附表四），定额编号 20461+20462，得 8t 自卸汽车运输 6km 需（21.88+2.27）台时，计算结果见表 3-18，石渣运输直接费 30.42 元/m³。查《概算定额》（见附表三）定额编号 20135，计算结果见表 3-19，石方开挖工程单价 81.68 元/m³。

表 3-18　　　　　　　　　石渣运输单价分析表

定额编号	20461～20462	适用范围	露天作业	定额单位		100m³
定额依据	二—34 1m³ 挖掘机装石渣汽车运输		土的级别		密度	
工作内容			挖装、运输、卸除、空回			
序号	名称及规格		单位	数量	单价/元	合价/元
	直接费					3041.91
(1)	人工费					56.85
	初级工		工时	18.7	2.38	56.85
(2)	材料费					59.65
	零星材料费		%	2	2982.26	59.65
(3)	机械使用费					2925.41
	1m³ 挖掘机		台时	2.82	153.36	432.48
	推土机 88kW		台时	1.41	133.54	188.29
	自卸汽车 8t		台时	21.88+2.27	95.43	2304.64

表 3 - 19 　　　　　　　　　　　石方开挖单价分析表

定额编号	20135	适用范围			定额单位	100m³
定额依据	二—11基础石方开挖 风钻钻孔		土的级别	XI～XII	密度	
工作内容			挖装、运输、卸除、空回			
序号	名称及规格	单位	数量	单价/元	合价/元	
一	直接工程费				7108.04	
1	直接费				6494.1	
(1)	人工费				931.33	
	工 长	工时	6.8	5.48	37.26	
	中级工	工时	80.6	3.87	311.92	
	初级工	工时	244.6	2.38	582.15	
(2)	材料费				1559.95	
	合金钻头	个	5.46	120	655.2	
	炸 药	kg	61	6.0	366	
	火雷管	个	269	0.8	215.2	
	导火线	m	416	0.5	208	
	其他材料费	%	8	1444.4	115.55	
(3)	机械使用费				747.88	
	风钻 手持式	台时	25.94	26.21	679.89	
	其他机械费	%	10	679.89	67.99	
(4)	石渣运输	m³	107	30.42	3254.94	
2	其他直接费	%	5.5	6494.1	357.18	
3	现场经费	%	4	6494.1	259.76	
二	间接费	%	4	7108.04	284.32	
三	利润	%	7	7395.36	517.47	
四	税金	%	3.22	7912.83	254.79	
	合计				8167.62	
	每 m³				81.68	

【案例 3 - 10】 　某水闸进口段扭面采用浆砌块石砌筑，人工、材料、机械预算单价为：工长 5.48 元/工日，中级工 3.87 元/工日，初级工 2.38 元/工日，M10 水泥砂浆单价 145.42 元/m³，块石单价 128.3 元/m³，0.4m³ 砂浆搅拌机的台时费为 21.19 元/台时，胶轮车的台时费为 0.9 元/台时，其他直接费 5.5%，现场经费 4%，间接费 4%，利润率 7%，税率 3.22%，试计算砌石工程单价。

解：查《概算定额》（见附表五）定额编号 30030，计算结果见表 3 - 20，砌石工程单价 267.53 元/m³。

表 3-20 砌 石 工 程 单 价 分 析 表

定额编号	30030		适用范围			定额单位		100m³ 砌体方	
定额依据	三—8 浆砌块石			土的级别			密度		
工作内容			选石、修石、冲洗、拌制砂浆、砌筑、勾缝						
序号	名称及规格		单位	数量		单价/元		合价/元	
一	直接工程费							17633.14	
1	直接费							16103.33	
(1)	人工费							3060.85	
	工 长		工时	19.8		5.48		108.50	
	中级工		工时	436.2		3.87		1688.09	
	初级工		工时	531.2		2.38		1264.26	
(2)	材料费							12756.8	
	块石		m³	108		70.00		7560.0	
	砂浆		m³	35.3		145.42		5133.33	
	其他材料费		%	0.5		12693.33		63.47	
(3)	机械使用费							285.68	
	砂浆搅拌机 0.4m³		台时	6.54		21.19		138.58	
	胶轮车		台时	163.44		0.9		147.1	
2	其他直接费		%	5.5		16103.33		885.68	
3	现场经费		%	4		16103.33		644.13	
二	间接费		%	4		17633.14		705.33	
三	利 润		%	7		18338.47		1283.69	
四	税 金		%	3.22		19622.16		631.83	
五	材料调差价							6499.44	
	块石		m³	108		60.18		6499.44	
	合 计							26753.43	
	每 m³							267.53	

【案例 3-11】 某扬水泵站上部采用现浇混凝土 C20 级，使用 0.8m³ 搅拌机拌制混凝土，胶轮车运距 50m，塔式起重机吊运 3m³ 混凝土吊罐高 8.2m，人工、材料及机械单价见表 3-21，其他直接费 5.5%，现场经费 4%，间接费 4%，利润率 7%，税率 3.22%，试计算现浇混凝土工程单价。

表 3-21 人工、材料、机械台时单价汇总表

序号	名称	单位	单价/元	序号	名称	单位	单价/元
1	初级工	工时	2.38	7	0.8m³ 搅拌机	台时	29.92
2	中级工	工时	3.87	8	胶轮车	台时	0.90
3	高级工	工时	5.11	9	塔式起重机 25 t	台时	162.19
4	工 长	工时	5.48	10	混凝土吊罐	台时	12.15
5	混凝土 (C20)	m³	177.37	11	振动器 1.1 kW	台时	2.08
6	水	m³	1.15	12	风水枪	台时	54.58

解：根据题意查《概算定额》（见附表六、九、十、十一）定额编号 40172、40180＋40241（混凝土水平运输和垂直运输）和 40017，计算结果见表 3－22～表 3－24，混凝土拌制直接费 10.29 元/m³，混凝土运输直接费 7.22 元/m³，现浇混凝土工程单价 304.26 元/m³。

表 3－22   混凝土拌制单价分析表

定额编号	40172		适用范围	各种级配常态混凝土	定额单位		100m³
定额依据	四—35 搅拌机拌制混凝土			土的级别		密度	
工作内容							
序号	名称及规格		单位	数量	单价/元		合价/元
	直接费						1029.07
(1)	人工费						659.08
	中级工		工时	93.8	3.87		363.01
	初级工		工时	124.4	2.38		296.07
(2)	材料费						20.18
	零星材料费		％	2	1008.89		20.18
(3)	机械使用费						349.81
	搅拌机		台时	9.07	29.92		271.37
	胶轮车		台时	87.15	0.90		78.44

表 3－23   混凝土运输单价分析表

定额编号	40180＋40241		适用范围	内燃机车或汽车运混凝土吊罐给料	定额单位		100m³
定额依据	四—38 胶轮车运混凝土、四—49 塔式起重机吊运混凝土			土的级别		密度	
工作内容							
序号	名称及规格		单位	数量	单价/元		合价/元
	直接费						722.06
(1)	人工费						234.26
	高级工		工时	2.7	5.11		13.8
	中级工		工时	8.2	3.87		31.73
	初级工		工时	76.6＋2.7	2.38		188.73
(2)	材料费						40.87
	零星材料费		％	6	681.19		40.87
(3)	机械使用费						446.93
	胶轮车		台时	58.8	0.9		52.92
	塔式起重机 25t		台时	2.26	162.19		366.55
	混凝土吊罐 3m³		台时	2.26	12.15		27.46

表 3-24 现浇混凝土工程单价分析表

定额编号	40017	适用范围		抽水站、扬水站等各式泵站		定额单位	100m³
定额依据		四—4 泵站			土的级别		密度
工作内容							
序号	名称及规格		单位	数量	单价/元	合价/元	
一	直接工程费					26489.15	
1	直接费					24191.0	
(1)	人工费					2753.54	
	工长		工时	22.9	5.48	125.49	
	高级工		工时	76.3	5.11	389.89	
	中级工		工时	442.3	3.87	1711.70	
	初级工		工时	221.2	2.38	526.46	
(2)	材料费		%			19332.64	
	混凝土		m³	104	177.37	18446.48	
	水		m³	124	1.15	142.6	
	其他材料费		%	4	18589.08	743.56	
(3)	机械使用费					283.78	
	振动器 1.1kW		台时	58.06	2.08	120.77	
	风水枪		台时	2.12	54.58	115.71	
	其他机械费		%	20	236.48	47.30	
(4)	混凝土拌制		m³	104	10.29	1070.16	
(5)	混凝土运输		m³	104	7.22	750.88	
2	其他直接费		%	5.5	24191.0	1330.51	
3	现场经费		%	4	24191.0	967.64	
二	间接费		%	4	26489.15	1059.57	
三	利润		%	7	27548.72	1928.41	
四	税金		%	3.22	29477.13	949.16	
	合计					30426.29	
	每 m³					304.26	

【案例 3-12】 某 U 形渡槽，槽身采用预制混凝土，手扶拖拉机运输构件至施工现场需 450m。人工、材料、机械预算单价为：工长 5.48 元/工时，高级工 5.11 元/工时，中级工 3.87 元/工时，初级工 2.38 元/工时，C20 级混凝土 177.37 元/m³，水 1.15 元/m³，台时费为：11kW 手扶拖拉机 16.29 元/台时，1.1kW 振动器 2.08 元/台时，0.4m³ 搅拌机 54.58 元/台时，胶轮车 0.90 元/台时，5t 载重汽车 64.09 元/台时，25kVA 电焊机 10.58 元/台时，3t 卷扬机 17.04 元/台时，40t 起重机 319.13 元/台时，锯材 1363.73 元/m³，组合钢模板 6.0 元/kg，型钢 5.5 元/kg，卡扣件 6.5 元/kg，铁件 8.0 元/kg，电焊条 7.5 元/kg，环氧砂浆 12500 元/m³，膨胀混凝土 512.0 元/m³，其他直接费 5.5%，现场经费 4%，间接费 4%，利润率 7%，税率 3.22%，混凝土运输直接费 7.22 元/m³，试计算预制混凝土工程单价。

解：根据题意查《概算定额》（见附表八、附表十二）定额编号40265、40266（300m＋50m×3＝450m）和40101，手扶拖拉机11 kW运输定额为64.39＋1.32×3＝68.35台时，计算结果见表3-25和表3-26，混凝土运输直接费15.93元/m³；预制混凝土工程单价1043.88元/m³。

表3-25　　　　　　　　　　　　混凝土预制构件运输单价分析表

定额编号	40265＋40266	适用范围		人工装车		定额单位	100m³
定额依据	四—55 手扶拖拉机运混凝土预制板				土的级别		密度
工作内容							
序号	名称及规格		单位	数量	单价/元		合价/元
	直接费						1592.73
(1)	人工费						432.92
	初级工		工时	181.9	2.38		432.92
(2)	材料费						46.39
	零星材料费		％	3	1546.34		46.39
(3)	机械使用费						1113.42
	手扶拖拉机11 kW		台时	64.39＋1.32×3	16.29		1113.42

表3-26　　　　　　　　　　　　预制混凝土预制与安装工程单价分析表

定额编号	40101	适用范围		各型混凝土渡槽		定额单位	100m³
定额依据	四—19 渡槽槽身预制与安装				土的级别		密度
工作内容							
序号	项目名称		单位	数量	单价/元		合价/元
一	直接工程费						90880.15
1	直接费						82995.57
(1)	人工费						26326.48
	工长		工时	262.1	5.48		1436.31
	高级工		工时	1239.8	5.11		6335.38
	中级工		工时	3718.6	3.87		14390.98
	初级工		工时	1749.5	2.38		4163.81
(2)	材料费						40233.85
	锯材		m³	2.4	1363.73		3272.95
	组合钢模板		kg	376	6		2256
	型钢		kg	764	5.5		4202
	卡扣件		kg	154.45	6.5		1003.93
	铁件		kg	603	8		4824
	电焊条		kg	29.46	7.5		220.95
	环氧砂浆		m³	0.1	12500		1250

序号	项目名称	单位	数量	单价/元	合价/元
	膨胀混凝土	m³	6.59	512	3374.08
	混凝土	m³	104	177.37	18446.48
	水	m³	184	1.15	211.6
	其他材料费	%	3	39061.99	1171.86
(3)	机械使用费				14791.7
	振动器 1.1kW	台时	46.2	2.08	96.1
	搅拌机 0.4m³	台时	19.28	54.58	1052.3
	胶轮车	台时	97.44	0.9	87.7
	载重汽车 5t	台时	3.82	64.09	244.82
	电焊机 25kVA	台时	34.65	10.58	366.6
	卷扬机 3t	台时	51.45	17.04	876.71
	起重机 40t	台时	33.6	319.13	10722.77
	其他机械费	%	10	13447	1344.7
(4)	预制件运输	m³	100	15.93	1593
(5)	混凝土运输	m³	7	7.22	50.54
2	其他直接费	%	5.5	82995.57	4564.76
3	现场经费	%	4	82995.57	3319.82
二	间接费	%	4	90880.15	3635.21
三	利润	%	7	94515.36	6616.08
四	税金	%	3.22	101131.44	3256.43
	合计				104387.87
	每 m³				1043.88

四、质量要求

(1) 建筑工程单价分析时，首先认真分析施工组织设计，施工要求，便于选择定额子目。

(2) 各定额子目使用时，需认真阅读章说明，为正确使用定额奠定基础。

(3) 中间项目的单价分析（直接费）。

(4) 根据限价材料的价格，认真分析是否产生材料调差价。若有，正确计算。

(5) 当定额子目内容与运距有关时，注意定额数据调整。

五、学生学习工作页

根据前述基础单价分析下列建筑工程单价：

(1) 分析建筑工程概算表中"M10 砂浆砌石导墙"单价，其中块石单价 92.8 元/m³（材料调差价）。

(2) 分析建筑工程概算表中"C15 混凝土底板"单价（中间项目单价）。

(3) 分析建筑工程概算表中"石方洞挖"单价（炸药单价选择）。

学习单元三 设备安装工程单价

一、教师教学指导参考

实训计划安排表见表 3-27。

表 3-27 实训计划安排表

安装定额形式	课时			
实物量	4			
安装费率/%	2			

二、实训准备

《水利设备安装工程概算定额》《水利施工机械台时费定额》、工程单价分析表。

三、实训步骤

1. 以实物量形式表现的定额

以实物量形式表现的定额，其安装工程单价的计算与前述建筑工程单价计算方法和步骤基本相同，其安装工程单价的计算方法及程序见表 3-28。

表 3-28 实物量形式安装工程单价计算程序表

序号	费用名称	计 算 方 法
一	直接工程费	（一）+（二）+（三）
（一）	直接费	1+2+3
1	人工费	$\sum$定额劳动量(工时)×人工预算单价(元/工时)
2	材料费	$\sum$定额材料用量×材料预算价格
3	机械使用费	$\sum$定额机械使用量(台时)×定额台时费(元/台时)
（二）	其他直接费	（一）×其他直接费率(%)
（三）	现场经费	1×现场经费费率(%)
二	间接费	1×间接费费率(%)
三	企业利润	（一+二）×企业利润率(%)
四	未计价装置性材料费	$\sum$未计价装置性材料用量×材料预算价格
五	税金	（一+二+三+四）×税率(%)
六	安装工程单价合计	一+二+三+四+五

【案例 3-13】 编制某水电站桥式起重机安装费概算单价。已知：桥机自重 200t，主钩起吊力 270t，另有平衡梁自重 30t；轨道长 155m（15.5×双 10m），型号 QU120；滑触线长 155m（15.5×三相 10m），无辅助母线。其他直接费率 3.2%，现场经费为人工费的 45%，间接费为人工费的 50%，企业利润率为 7%，税金率为 3.22%，基础单价见表 3-

29~表3-31。

解：（1）定额子目的选择。

查2002年部颁《水利水电设备安装工程概算定额》（见附表十四、十五、十六），桥机、轨道和滑触线分列不同子目，在计算安装费单价时应分别计算。其中桥式起重机按主钩起重能力选用定额子目，但是按章节说明，设备起吊使用平衡梁时，按桥式起重机主钩起重能力加平衡梁重量之和（计300 t）选用定额子目，平衡梁不另计安装费。所以桥机安装定额选用编号09012子目，轨道选用09095子目，滑触线选用09099子目。

（2）确定未计价装置性材料用量。

根据定额说明及附录，QU120型轨道和滑触线属于装置性材料安装，其用量见计算表中所列。

（3）安装工程单价计算过程见表3-29~表3-31。桥式起重机安装工程概算单价为169551元/台；轨道安装工程概算单价为20727元/双10m；滑触线安装2423元/三相10m。所以该电站桥式起重机安装工程概算单价为：169551＋20727×15.5＋2423×15.5＝528376（元/台）。

表3-29　　　　　　　　　　**桥式起重机 安装工程单价表**

定额编号：09012　　　　　　　　　　　　　　　　　　　　　　　　定额单位：台

型号规格：桥式起重机主钩起吊能力270t，平衡梁重30t

编号	名称	单位	数量	单价/元	合价/元
一	直接工程费				126535
（一）	直接费				99082
1	人工费				53961
	工长	工时	511	7.1	3628
	高级工	工时	2612	6.61	17265
	中级工	工时	4537	5.62	25498
	初级工	工时	2490	3.04	7570
2	材料费				13360
	钢板	kg	547	3.5	1915
	型钢	kg	875	3.02	2643
	垫铁	kg	273	2.1	573
	电焊条	kg	72	7.1	511
	氧气	m³	72	3	216
	乙炔气	m³	31	15	465
	汽油70号	kg	50	3.64	182
	柴油	kg	109	3.25	354
	油漆	kg	61	16	976
	棉纱头	kg	88	1.5	132
	木材	m³	2.1	1100	2310

编号	名称	单位	数量	单价/元	合价/元
	其他材料费	%	30	10277	3083
3	机械费				31761
	汽车起重机 20t	台时	51	127.95	6525
	门式起重机 10t	台时	105	51.53	5411
	卷扬机 5t	台时	349	16.31	5692
	电焊机 20～30kVA	台时	105	9.53	1001
	空气压缩机 9m³/min	台时	105	44.16	4637
	载重汽车 5t	台时	70	52.14	3650
	其他机械费	%	18	26916	4845
（二）	其他直接费	%	3.2	99082	3171
（三）	现场经费	%	45	53961	24282
二	间接费	%	50	53961	26981
三	企业利润	%	7	153516	10746
四	税金	%	3.22	164262	5289
五	安装工程单价				169551

表 3－30   **轨道安装工程单价表**

定额编号：09095   定额单位：双 10m

型号规格：QU120 型轨道安装

编号	名称	单位	数量	单价/元	合价/元
一	直接工程费				4371
（一）	直接费				3241
1	人工费				2279
	工长	工时	22	7.1	156
	高级工	工时	87	6.61	575
	中级工	工时	217	5.62	1220
	初级工	工时	108	3.04	328
2	材料费				558
	钢板	kg	56.4	3.5	197
	型钢	kg	48.3	3.02	146
	电焊条	kg	9.7	7.1	69
	乙炔气	m³	6.3	15	95
	其他材料费	%	10	507	51
3	机械费				404
	汽车起重机 8t	台时	3.3	75.76	250
	电焊机 20～30kVA	台时	14.2	9.53	135

编号	名称	单位	数量	单价/元	合价/元
	其他机械费	%	5	385	19
(二)	其他直接费	%	3.2	3241	104
(三)	现场经费	%	45	2279	1026
二	间接费	%	50	2279	1140
三	企业利润	%	7	5511	386
四	未计价装置性材料费				14183
	钢轨	kg	2433	4.5	10949
	垫板	kg	1358	1.8	2444
	型钢	kg	163	3.02	492
	螺栓	kg	142	2.1	298
五	税金	%	3.22	20080	647
六	安装工程单价				20727
	每 m				2072.7

表 3-31　　　　　　　　　　滑触线安装工程单价表

定额编号：09099　　　　　　　　　　　　　　　　　定额单位：三相 10m

型号规格：起重机自重 200t

编号	名称	单位	数量	单价/元	合价/元
一	直接工程费				1218
(一)	直接费				940
1	人工费				552
	工长	工时	5	7.1	36
	高级工	工时	21	6.61	139
	中级工	工时	53	5.62	298
	初级工	工时	26	3.04	79
2	材料费				228
	型钢	kg	33.4	3.02	101
	电焊条	kg	5.6	7.1	40
	氧气	m³	5.6	3	17
	乙炔气	m³	2.5	15	38
	棉纱头	kg	1.6	1.5	2
	其他材料费	%	15	198	30
3	机械费				160
	电焊机 20～30kVA	台时	7.1	9.53	68
	摇臂钻床 φ50	台时	4.4	19.03	84
	其他机械费	%	5	152	8

编号	名称	单位	数量	单价/元	合价/元
(二)	其他直接费	%	3.2	940	30
(三)	现场经费	%	45	552	248
二	间接费	%	50	552	276
三	企业利润	%	7	1494	105
四	未计价装置性材料费				748
	型钢	kg	236	3.02	713
	螺栓	kg	3	2.1	6
	绝缘子 WX-01	个	13	2.25	29
五	税金	%	3.22	2347	76
六	安装工程单价				2423
	每 m				242.3

2. 以安装费率（百分率）形成表现的定额

以安装费率形成表现的定额，是以安装费占设备原价的百分率形式表示的。定额中给定了人工费、材料费（装置性材料）和机械使用费各占设备原价的百分比。在编制安装工程单价时，由于设备原价本身受市场价格的变化而浮动，因此，除人工费率可根据工程所在地区类别按规定的调整系数进行调整外，材料费率和机械使用费率均不得调整。其安装工程单价计算方法及程序见表 3-32。

表 3-32 安装费率表示的安装工程单价计算程序表

序号	费用名称	计算方法
一	直接工程费	(一)+(二)+(三)
(一)	直接费	(1)+(2)+(3)+(4)
(1)	人工费	定额人工费率(%)×人工费调整系数×设备原价
(2)	材料费	定额材料费率(%)×设备原价
(3)	机械使用费	定额机械使用费率(%)×设备原价
(4)	装置性材料费	定额装置性材料费率(%)×设备原价
(二)	其他直接费	(一)×其他直接费率(%)
(三)	现场经费	(1)×现场经费费率(%)
二	间接费	(1)×间接费费率(%)
三	企业利润	(一+二)×企业利润率(%)
四	税金	(一+二+三)×税率(%)
	安装工程单价合计	一+二+三+四

【案例 3-14】 某水电站直流系统的蓄电池容量为 2000A·h，其设备原价为 120 万

元，人工费不调整。其他直接费率 3.2%，现场经费费率 45%，间接费率 50%，企业利润率 7%，税率 3.22%。分析其安装工程单价。

解：解题过程见表 3-33。

表 3-33　　　　　　定额编号：06008　直流系统安装工程单价分析表　　　　定额单位：项

型号规格：>2000 A·h

编号	名称	单位	数量	单价/万元	合价/万元
一	直接工程费				11.40
（一）	直接费				10.68
1	人工费	%	0.7	120.00	0.84
2	材料费	%	4.2	120.00	5.04
3	机械费	%	0.2	120.00	0.24
4	装置性材料费	%	3.8	120.00	4.56
（二）	其他直接费	%	3.2	10.68	0.34
（三）	现场经费	%	45	0.84	0.38
二	间接费	%	50	0.84	0.42
三	企业利润	%	7	11.82	0.83
四	税金	%	3.22	12.65	0.41
五	安装工程单价				13.06

四、质量要求

（1）以下工作内容和费用已经包含在定额内，不用另外计算：设备安装前后的开箱、检查、清扫、滤油、注油、刷漆和喷漆工作；安装现场内的设备运输；设备的单体试运转、管和罐的水压试验、焊接及安装的质量检查；随设备成套供应的管路及部件的安装；现场施工临时设施的搭拆及其材料、专用特殊工器具的摊销；施工准备及完工后的现场清理工作。

（2）对不同地区、施工企业、机械化程度和施工方法等差异因素，除定额有规定外，均不作调整。

（3）按照设备重量划分子目的定额，当所求设备的重量介于同型号设备的子目之间时，可按插入法计算安装费。

（4）对于海拔在 2000m 以上的地区，其人工和机械定额乘表 3-34 的调整系数。

表 3-34　　　　　　　　　　　高 程 系 数 表

项目	高程/m					
	2000～2500	2500～3000	3000～3500	3500～4000	4000～4500	4500～5000
人工	1.10	1.15	1.20	1.25	1.30	1.35
机械	1.25	1.35	1.45	1.55	1.65	1.75

(5) 定额的数字适用范围，用以下方式表示：只用一个数字表示的，仅适用于该数字本身；数字后面用"以上""以外"表示的，均不包括数字本身，用"以下""以内"表示的，均包括数字本身；数字用上下限（如 2000～2500）表示的，相当于自 2000 以上至 2500 以下止。

(6) 使用电站主厂房桥式起重机进行安装工作时，桥式起重机台时费中不计基本折旧费和安装拆卸费。

(7) 定额中缺项者可参考套用《全国统一安装工程预算定额》及其他相关专业预算定额的相应项目。

(8) 设备自工地仓库运至安装现场的一切费用，成为设备场内运输费，属于设备运杂费范畴，不属于设备安装费。在《预算定额》中列有"设备工地运输"一章，是为了施工单位自行组织二次运输拟定的定额，不能理解为这项费用也属于安装费范围。

(9) 压力钢管制作、运输和安装均属于安装费范畴，应列入安装费栏目下，这点是与设备不同的，应特别注意。

(10) 材料是指完成定额子目内容所需要的材料。它有主要材料、辅助材料和未计价的装置性材料（简称未计价材料）组成。主要材料以法定计量单位按名称规格列出数量；辅助材料以其他材料费表示（个别子目以零星材料费表示）；未计价的材料已在《水电设备安装工程概（预）算定额》相关章节说明中注明，计算时应按施工设备图提供的数量加规定的操作损耗量计算，损耗率见《水电设备安装工程概（预）算定额》总说明。

五、学生实训练习页

根据已知条件，利用《水利水电设备安装概算定额》分析下述设备安装工程单价（见表 3 - 35）。

表 3 - 35 　　　　　　　　　　设备安装单价分析资料表

设备名称	原价 /万元	人工费调整系数	其他直接费率 /%	现场经费费率 /%	间接费率 /%	利润率 /%	税率 /%
水轮机			4.7	45	50	7	3.22
发电机			4.7	45	50	7	3.22
母线			4.7	45	50	7	3.22
电缆			4.7	45	50	7	3.22
拦污栅栅体			4.7	45	50	7	3.22
卷扬式启闭机			4.7	45	50	7	3.22
油系统	10.00	1.50	4.7	45	50	7	3.22
水系统	12.00	1.50	4.7	45	50	7	3.22
厂用电系统	12.00	1.50	4.7	45	50	7	3.22
发电电压设备	32.00	1.50	4.7	45	50	7	3.22

注　单价分析时所需人工预算单价、材料预算价格、机械台时费已知。

学习单元四 设 备 费

一、教师教学指导参考

略。

二、实训准备

设备费计算基础资料：设备清单、原价、设备采购资料、设备保险费等。

三、实训步骤

1. 设备原价

设备原价通过市场询价获得资料分析。

2. 运杂费

$$运杂费＝设备原价×运杂费率$$

（1）主要设备运杂费率。设备由铁路直达或铁路、公路联运时，分别按里程求得费率后叠加计算；如果设备由公路直达，应按公路里程计算费率后，再加公路直达基本费率。

主要设备运杂费率标准见表 3－36。

表 3－36　　　　　　　　　　　主要设备运杂费率表　　　　　　　　　　%

设备分类		铁路		公路		公路直达基本费率
		基本运距 1000km	每增运 500km	基本运距 50km	每增运 10km	
水轮发电机组		2.21	0.4	1.06	0.1	1.01
主阀、桥机		2.99	0.7	0.85	0.18	1.33
主变压器 容量	≥120000kVA	3.5	0.56	2.8	0.25	1.2
	<20000kVA	2.97	0.56	0.92	0.1	1.2

（2）其他设备运杂费率。工程地点距铁路线近者费率取小值，远者取大值。新疆、西藏两自治区的费率在下表中未包括，可视具体情况另行确定。

表 3－37　　　　　　　　　　　其他设备运杂费率表　　　　　　　　　　%

类别	适 用 地 区	费率
I	北京、天津、上海、江苏、浙江、江西、安徽、湖北、湖南、河南、广东、山西、山东、河北、陕西、辽宁、吉林、黑龙江等省、直辖市	4～6
II	甘肃、云南、贵州、广西、四川、重庆、福建、海南、宁夏、内蒙古、青海等省、自治区、直辖市	6～8

3. 运输保险费

运输保险费是指设备在运输过程中的保险费用。国产设备的运输保险费率可按工程所在省、自治区、直辖市的规定计算。进口设备的运输保险费率按有关规定计算。一般可取 0.1%～0.4%。

$$运输保险费＝设备原价×运输保险费率$$

4. 采购及保管费

$$采购及保管费＝(设备原价＋运杂费)×采购及保管费率$$

按现行规定，设备采购及保管费率取 0.7%。

所以，设备费计算公式为：

$$设备预算价格＝设备原价＋运杂费＋运输保险费＋采购及保管费$$

运杂综合费率

在编制设备安装工程概预算时，一般将设备运杂费、运输保险费和采购及保管费合并，统称为设备运杂综合费，按设备原价乘以运杂综合费率计算。其中：

$$运杂综合费率 K＝运杂费率＋(1＋运杂费率)×采购及保管费率＋运输保险费率$$

或

$$设备预算价格＝设备原价×(1＋K)$$

$$设备费＝设备数量×设备预算价格$$

【案例 3-15】 某水力发电工程中采用的国产水轮机原价为 310000 元/台，经火车运输 2000km、公路运输 70km 到达安装现场，运输保险费率为 0.5%，求每台水轮机的设备预算价格。

解：

$$设备原价＝310000 元$$
$$运杂费＝310000×(2.21＋0.40×2＋1.06＋0.10×2)\%$$
$$＝310000×4.27\%＝13237 (元)$$
$$运输保险费＝310000×0.5\%＝1550 (元)$$
$$采购及保管费＝(310000＋13237)×0.7\%＝2263 (元)$$
$$设备预算价格＝310000＋13237＋1550＋2263＝327050 (元)$$

【案例 3-16】 河南省某工程从国外进口主机设备一套，经过海运抵达上海以后再转运到工地，已知：

(1) 汇率比	1 美元＝7.0 元人民币
(2) 设备到岸价	900 万美元/套
(3) 设备重量	净重 1245t/套，毛重系数 1.0
(4) 银行手续费	0.5%
(5) 外贸手续费	1.5%
(6) 进口关税	10%
(7) 增值税	17%
(8) 商检费	0.24%
(9) 港口费	150 元/t
(10) 运杂费	同类型国产设备由上海港运到工地的运杂费率为 6%
(11) 同类型国产设备运价	3.0 万元/t
(12) 运输保险费率	0.4%
(13) 采购及保管费率	0.7%

根据以上条件计算该进口设备预算价格。

解：（1）设备原价。

设备到岸价	$900 \times 7.0 = 6300.00$ 万元	
银行手续费	$6300.00 \times 0.5\% = 31.50$ 万元	
外贸手续费	$6300.00 \times 1.5\% = 94.50$ 万元	
进口关税	$6300.00 \times 10\% = 630.00$ 万元	
增值税	$(6300.00 + 630.00) \times 17\% = 1178.1$ 万元	
商检费	$6300.00 \times 0.24\% = 15.12$ 万元	
港口费	$1245 \times 1.05 \times 150/10000 = 19.61$ 万元	

设备原价 $= 6300.00 + 31.50 + 94.50 + 630.00 + 1178.10 + 15.12 + 19.61$
$= 8268.83$ 万元

（2）国内段运杂综合费。

国产设备运杂综合费率 $= 6\% + (1 + 6\%) \times 0.7\% + 0.4\% = 7.14\%$

进口设备国内段运杂综合费率 $= 7.14\% \times (3 \times 1245)/8268.83 = 3.23\%$

该套进口主机设备费 $8268.83 \times (1 + 3.23\%) = 8535.91$ 万元

四、质量要求

（一）设备与装置性材料的划分原则是：

（1）制造厂成套供货范围的部件、备品备件、设备体腔内定量填物（如透平油、变压器油、六氟化硫气等）均作为设备，其价值进入设备费。

透平油的作用是散热、润滑、传递受力，主要用在水轮机、发电机的油槽内，调速器及油压装置内，进水阀本体的操作机构内、油压装置内。

变压器油的作用是散热、绝缘和灭电弧。主要使用在变压器、所有的油浸变压器、油浸电抗器、所有带油的互感器、油断路器、消弧线圈、大型实验变压器内。其油款在设备出厂价内。

（2）不论成套供货，还是现场加工或零星购置的贮气罐、阀门、盘用仪表、机组本体上的梯子、平台和栏杆等均为设备，不能因供货来源不同而改变设备性质。

（3）如管道和阀门构成设备本体部件时，应作为设备，否则应作为材料。

（4）随设备供应的保护罩、网门等已计入相应设备出厂价格内时，应作为设备，否则应作为材料。

（5）电缆和管道的支吊架、母线、金属、金具、滑触线和架、屏盘的基础型钢、钢轨、石棉板、穿墙隔板、绝缘子、一般用保护网、罩、门、梯子、栏杆和蓄电池架等，均作为材料。

（6）设备喷锌费用应列入设备费。

（二）装置性材料的确定

装置性材料，是个专用名称，它本身属于材料，但又是被安装的对象，安装后构成工程的实体。

装置性材料可分为主要装置性材料和次要装置性材料。凡是在概算定额各项目中作为主要安装对象的材料，即为主要装置性材料，如轨道、管路、电缆、母线、一次拉线、接地装置、保护网、滑触线等。其余的即为次要装置性材料，如轨道的垫板、螺栓电缆支架、母线之金具等。

主要装置性材料在概算定额中，一般作未计价材料，须按设计提供的规格、数量和工地材料预算计算其费用（另加定额规定的损耗率），如果没有足够的设计资料，可参考概算定额附录2～11确定主要装置性材料耗用量（已包括损耗在内）；次要装置性材料因品种多，规模小、且价值也较低，已计入概算定额中，在编制概算时；不必另计。

五、学生实训练习页

根据已知条件，分析下述设备预算价格（见表3-38）。

表3-38 基 础 资 料 表

设备名称	原价/万元	运距/km		运输保险费率/%	备注
		铁路	公路		
水轮机	140.00	1200	260	2	
发电机	240.00	1400	260	2	
拦污栅栅体	6.00		680	1	
卷扬式启闭机	4.50		680	1	
油系统	10.00		720	2	
水系统	12.00		720	2	
厂用电系统	12.00		600	2	
发电电压设备	32.00		600	2	

学习单元五　建筑工程量计算

一、实训计划

实训计划见表3-39。

表3-39 实 训 计 划 表

学习任务		建筑工程量计算		
教学时间（学时）		24	适用年级	2年级
教学目标	知识目标	通过计算，使学生了解 GB 50500—2008 建筑工程工程量清单计价规范，掌握建筑工程量计算规则		
	技能目标	识读建筑工程图纸，熟悉和了解建筑工程的平面图、结构图、构造图、剖面图，掌握建筑工程工程量的计算程序，具备正确运用工程量计算方法的能力和独立分析问题和解决问题的能力		
	情感目标	通过实训，培养学生精益求精的工作作风与团结合作的精神		

			教学过程设计			
时间	教学流程	教学法视角	教学活动	教学方法	媒介	重点
第一天	课程导入	激发学生的学习兴趣	布置任务提出问题	项目教学案例教学	施工图纸、多媒体展示建筑工程	分组应合理、任务恰当、问题难易适当
第二天	演练	教师提问学生回答	图纸的识读规范的应用	课堂对话	建筑工程工程量清单计价规范	注重引导学生、激发学生的积极性
第三天	学生分组实训（教师指导）	学生主动积极参与实训及团队合作精神培养	根据布置的任务及教师的演示，学生在教室完成实训	项目教学小组讨论	建筑工程工程量清单计价规范	规范应用小组计算
第四天	学生自评	自我意识的觉醒，有自己的见解，培养沟通、交流能力	检查操作过程，数据书写，规范的应用的正确性	小组合作	规范；学生工作记录	小组讨论计算
第五天	学生汇报、教师评价总结	学生汇报总结性报告，教师给予肯定或指正	每组代表展示实操成果并小结、教师点评与总结	项目教学学生汇报小组合作	投影、白板	注意对学生的表扬与鼓励

二、实施准备

1. 建筑工程工程量清单计价规范（2008 版）

2. 工程概况

（1）某办公楼建筑设计总说明。

1）建筑室内标高±0.000。

2）本施工图所注尺寸，所有标高以米为单位，其余均以毫米为单位。

3）楼地面。

a. 地面做法参见 98ZJ001 地 19。

b. 楼地面做法参见 98ZJ001 楼 10。

4）外墙面：外墙面做法按 98ZJ001 外墙 22。

5）内墙装修。

a. 房间内墙详见 98ZJ001 内墙 4，面刮双飞粉腻子。

b. 女儿墙内墙详见 98ZJ001 内墙 4。

6）顶棚装修：做法详见 98ZJ001 顶 3，面刮双飞粉腻子。

7）屋面：屋面做法详见 98ZJ001 屋 11。

8）散水：

a. 20mm 厚 1:1 水泥石灰将抹面压光。

b. 60mm 厚 C15 混凝土。

c. 60mm 厚中砂垫层。

d. 素土夯实，向外坡 4%。

9）踢脚：陶瓷地砖踢脚 150mm 高。

10）楼梯间：钢管扶手型栏杆，扶手距踏步边 50mm。

（2）结构设计总说明。

1）设计原则和标准。

a. 结构的设计使用年限：50 年。

b. 建筑结构的安全等级：二级。

c. 地震基本烈度六级；设防烈度 6 度。

d. 建筑类别及设防标准：丙类；抗震等级；框架：四级。

2）基础。

C20 独立柱基，C25 钢筋混凝土基础梁。

3）上部结构。

现浇钢筋混凝土框架结构，梁、板柱混凝土标号均为 C25。

4）材料及结构说明。

a. 受力钢筋的混凝土保护层：基础 40mm ，±0.000 以上板 15mm，梁 25mm，柱 30mm。

b. 所有板底受力筋长度为梁中心线长度＋100mm（图上未注明的钢筋均为 Φ6@200）。

c. 沿框架柱高每隔 500mm 设 2Φ6 拉筋，伸入墙内的长度为 1000mm。

d. 屋面板为配置钢筋的表面均设置 Φ6@200 双向温度筋，与板负钢筋的搭接长度 150mm。

e. ±0.000 以上砌体砖隔墙均用 M5 混合砂浆砌筑，除阳台、女儿墙采用 MU10 标准砖外，其余均采用 MU10 烧结多孔砖。

f. 过梁：门窗口均设有钢筋混凝土过梁，按墙宽×200×（洞口宽＋500），配 4Φ12 纵筋中Φ6@200 箍筋。

g. 门窗等尺寸资料见表 3-40～表 3-42。

表 3-40   门 窗 表

门窗编号	门窗类型	洞口尺寸		数量	备注
		宽	高		
M—1	铝合金地弹门	2400	2700	1	46 系列（2.0mm 厚）
M—2	镶板门	900	2400	4	
M—3	镶板门	900	2100	2	
MC—1	塑钢门联窗	2400	2700	1	窗台高 900mm，8D 系列 5mm 厚白坡
C—1	铝合金窗	1500	1800	8	窗台高 900mm，96 系列带纱推拉窗
C—2	铝合金窗	1800	1800	2	窗台高 900mm，96 系列带纱推拉窗

图集编号	编号	名称	用 料 做 法
98ZJ001 地 19	地 19 100mm 厚 混凝土	陶瓷地砖地面	8～10mm 厚地砖（600×600）铺实拍平，水泥浆擦缝 25mm 厚 1∶4 干硬性水泥砂浆，面上撒素水泥浆 素水泥浆结合层一道 100mm 厚 C10 混凝土 素土夯实
98ZJ001 楼 10	楼 10	陶瓷地砖楼面	8～10mm 厚地砖（600×600）铺实拍平，水泥浆擦缝 25mm 厚 1∶4 干硬性水泥砂浆，面上撒素水泥浆 素水泥浆结合层一道 钢筋混凝土楼板
98ZJ001 内墙 4	内墙 4	混合砂浆墙面	15mm 厚 1∶1∶6 水泥石灰浆 5mm 厚 1∶0.5∶3 水泥石灰浆
98ZJ001 外墙 22	外墙 22	涂料外墙面	12mm 厚 1∶3 水泥砂浆 8mm 厚 1∶2 水泥砂浆木抹搓平 喷或滚刷涂料二遍
98ZJ001 顶 3	顶 3	混合砂浆顶棚	钢筋混凝土底面清理干净 7mm 厚 1∶1∶4 水泥石灰浆 5mm 厚 1∶0.5∶3 水泥石灰浆 表面喷刷涂料另选
98ZJ001 屋 11	屋 11	高聚物改性涠沥青 卷防水屋面有隔热 层，无保温层	35mm 厚 490mm×490mm，C20 预制钢筋混凝土板 M2.5 砂浆砌巷砖三皮，中距 350mm 4mm 厚 SBS 改性沥青防水卷材 刷基层处理剂一遍 20mm 厚 1∶2 水泥砂浆找平层 20mm 厚（最薄处）1∶10 水泥珍珠岩找 2% 坡 钢筋混凝土屋面板，表面洁扫干净

标号	标高/m	$b×h$	b_1	b_2	h_1	h_2	角筋	b 边一侧 中部筋	h 边一侧 中部筋	箍筋类 型号	箍筋
Z1	−0.8～3.6	500×500	250	250	250	250	4Φ25	3×Φ22	3×Φ22	(1) 5×5	Φ10−100/200
	3.6～7.2	500×500	250	250	250	250	4Φ25	3×Φ22	3×Φ22	(1) 5×5	Φ10−100/200
Z2	−0.8～3.6	400×500	200	200	250	250	4Φ25	2×Φ22	3×Φ22	(2) 4×5	Φ10−100/200
	3.6～7.2	400×500	200	200	250	250	4Φ22	2×Φ22	3×Φ22	(2) 4×5	Φ10−100/200
Z3	−0.8～3.6	400×400	200	200	200	200	4Φ22	2×Φ22	2×Φ22	(2) 4×4	Φ8−100/200
	3.6～7.2	400×400	200	200	200	200	4Φ22	2×Φ22	2×Φ22	(2) 4×4	Φ8−100/200

三、实施过程与步骤

（1）熟悉工程概况。

（2）识读工程图纸。

（3）按规范进行工程量计算（计算首层工程量）。

【案例 3－17】 某 6 层砖混结构住宅楼，2～6 层建筑平面图均相同，阳台为不封闭阳台，首层无阳台，其他均与二层相同，试计算其建筑面积。见图 3－1。

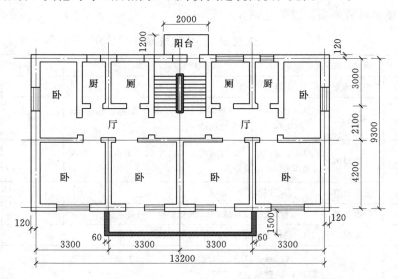

图 3－1　某住宅楼建筑平面图

案例计算：

首层建筑面积：$S_1 = (9.30 + 0.24) \times (13.2 + 0.24) = 128.22 (\text{m}^2)$

2～6 层建筑面积：$S_{2\sim6} = S_{主体} + S_{阳台}$

$S_{主体} = S_1 \times 5 = 128.22 \times 5 = 641.1 (\text{m}^2)$

$S_{阳台} = 1.5 \times (3.3 \times 2 + 0.06 \times 2) \times 5 \div 2 = 25.2 (\text{m}^2)$

$S_{2\sim6} = 641.1 + 25.2 = 666.3 (\text{m}^2)$

总建筑面积 $= S_1 + S_{2\sim6} = 128.22 + 666.3 = 794.52 (\text{m}^2)$

【案例 3－18】 某建筑物基础平面，剖面如图 3－2 所示。室内外高差 450 mm，地面结构层厚 150 mm，要求如下：

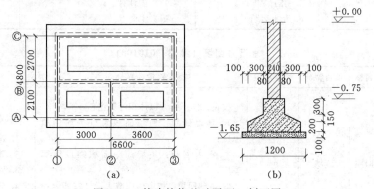

图 3－2　某建筑物基础平面、剖面图

（1）计算土方工程（平整场地、挖地槽、房心回填土）清单工程量。

（2）计算基础构件（混凝土垫层、混凝土基础、砖基础）清单工程量。

案例解析：

1. 分部分项工程

分部分项工程清单项目列项见表 3-43。

表 3-43　　　　　　　　　　　分 部 分 项 项 目 清 单

项目编码	项目名称	项目特征	计量单位	工程量
010101001001	平整场地	1. 土壤类别；2. 弃土运距；3. 取土运距	m²	
010101003001	挖基础土方	1. 土壤类别；2. 基础类别；3. 垫层底宽、底面积；4. 挖土深度；5. 弃土运距	m³	
010103001001	土方回填	1. 基础回填；2. 密实度要求；3. 粒径要求；4. 夯填（碾压）；5. 运输距离	m³	
010103001001	土方回填	1. 房心回填；2. 夯填	m³	
010401006001	带型基础	1. 混凝土强度等级；2. 混凝土拌和料要求	m³	
010401006001	垫层	1. 混凝土强度等级；2. 混凝土拌和料要求	m³	
010301001001	砖基础	1. 砖品种、规格、强度等级；2. 基础类型；3. 基础深度；4. 砂浆强度等级	m³	

2. 清单工程量计算

根据清单附录的计算规则计算各项清单工程量见表 3-44～表 3-47。

表 3-44　　　　　　　　　　　土 方 工 程（编码：010101）

项目编码	项目名称	项目特征	计量单位	工程量计算规则	工程内容
010101001	平整场地	1. 土壤类别；2. 弃土运距；3. 取土运距	m²	按设计图示尺寸以建筑物首层面积计算	1. 土方挖填；2. 场地找平；3. 运输
010101003	挖基础土方	1. 土壤类别；2. 基础类别；3. 垫层底宽、底面积；4. 挖土深度；5. 弃土运距	m³	按设计图示尺寸以基础垫层底面积乘以挖土深度计算	

表 3-45　　　　　　　　　　　土 石 方 回 填（编码：010103）

项目编码	项目名称	项目特征	计量单位	工程量计算规则	工程内容
010103001	土方回填	夯填	m³	按设计图示尺寸以体积计算注：1. 场地回填：回填面积乘以平均回填厚度；2. 室内回填：主墙间净面积乘以回填厚度；3. 基础回填：挖方体积减去设计室外地坪以下埋设的基础体积（包括基础垫层及其他构建物）	1. 挖土方（石）；2. 装卸、运输；3. 回填；4. 分层碾压、夯实

表 3－46　　　　　　　　　　**现浇混凝土基础（编码：010401）**

项目编码	项目名称	项目特征	计量单位	工程量计算规则	工程内容
010401001	带型基础	1. 混凝土强度等级； 2. 混凝土拌和料要求； 3. 砂浆强度等级	m³	按设计图示尺寸以体积计算。不扣除构件内钢筋、预埋铁件和伸入承台基础的桩头所占体积	1. 混凝土制作、运输、浇筑、振捣、养护； 2. 地脚螺栓二次灌浆
010401006	垫层				

表 3－47　　　　　　　　　　**砖基础（编码：010301）**

项目编码	项目名称	项目特征	计量单位	工程量计算规则	工程内容
010301001	砖基础	1. 砖品种、规格、强度等级； 2. 基础类型； 3. 基础深度； 4. 砂浆强度等级	m³	按设计图示尺寸以体积计算。包括附墙垛基础宽出部分体积，扣除地梁（圈梁）、构造柱所占体积，不扣除基础大放脚 T 形接头处的重叠部分及镶入基础内的钢筋、铁件、管道、基础砂浆防潮层和单个面积 0.3m² 以内的孔洞所占体积，靠墙暖气沟的挑檐不增加基础长度；外墙按中心线内墙按净长线计算	1. 砂浆制作、运输； 2. 砌砖； 3. 防潮层铺设； 4. 材料运输

清单工程量的计算如表 3－48 所示。

表 3－48　　　　　　　　　　**清 单 工 程 量 计 算**

项目编码	项目名称	计　算　式	工程量
010101001001	平整场地	$(6.6+0.24)\times(4.8+0.24)=34.47\text{m}^2$	34.47m²
010101003001	挖基础土方	$L=(6.6+0.24+4.8+0.24)\times2+(6.6-1.2)+(2.1-1.2)=29.10\text{m}$ $S_{断面}=1.2\times(1.65-0.45)=1.44\text{m}^2$ $V=29.10\times1.44=41.90\text{m}^3$	41.90m³
010103001001	土方回填 （房土回填）	$S_{房净}=(6.6-0.24)\times(2.7-0.24)+(3.0-0.24)\times(2.1-0.24)$ $\quad+(3.6-0.24)\times(2.1-0.24)=27.03\text{m}^2$ $h_{厚}=0.45-0.15=0.3\text{m}$ $V=29.10\times0.3=8.11\text{m}^3$	8.11m³
010401006001	现浇混凝土垫层	$V_{垫层}=1.2\times0.1\times29.10=3.24\text{m}^3$	3.24m³
010301001001	砖基础	$L=(6.6+4.8)\times2+(6.6-0.24+2.1-0.24)=31.02\text{m}$ $H=0.75\text{m}$ $V_{砖基础}=0.24\times0.75\times31.02=5.58\text{m}^3$	5.58m³
010401001001	现浇混凝土带型基础	$V_{外墙混凝土基础}=[1.0\times0.2+(0.4+0.1)\times0.15/2+0.4\times0.3]\times(6.6+4.8)\times2=9.69\text{m}^3$ $V_{内墙混凝土基础}=1.0\times0.2\times[(6.6-1.0)+(2.1-1.0)]+(0.4+1.0)\times0.15/2\times\{6.6-(0.2+0.3/2)\times2+2.1-[0.2+(0.2+0.3/2)\times2]\}+0.4\times0.3\times(6.6-0.2\times2+2.1-0.2\times2)=3.05\text{m}^3$	3.05m³
010103001002	土方回填 （基础回填）	$41.90-V_{砖基础}-V_{外墙混凝土基础}-V_{垫层}=30.03\text{m}^3$	30.03m³

讨论完成任务:要求进行项目特征描述,补充完整背景资料所涉及的工程内容的分部分项工程量清单并填写表3-49。

表3-49 分部分项工程量清单表

项目编码	项目名称	项 目 特 征	计量单位	工程量
010101001001	平整场地	1. 砖品种、规格、强度等级;2. 墙体类型;3. 墙体厚度;4. 墙体高度;5. 砂浆强度等级、配合比	m²	24.85
010101003001	挖基础土方	1. 砖品种、规格、强度等级;2. 基础类型;3. 基础深度;4. 砂浆强度等级	m³	17.66
010103001001	土方回填 (房回填土)	夯填	m³	8.11
010401006001	混凝土垫层	预制混凝土	m³	0.83
010301001001	砖基础	1. 砖品种、规格、强度等级;2. 基础类型;3. 基础深度;4. 砂浆强度等级	m³	5.58
010401001001	带型基础	1. 混凝土强度等级;2. 混凝土拌和料要求;3. 砂浆强度等级	m³	3.05
010103001002	土方回填 (基础回填)	夯填	m³	30.03

【案例3-19】 某建筑物平面图、基础平面及剖面如图3-3所示。已知设计采用M5

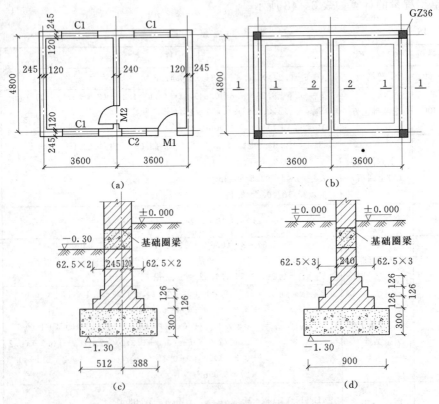

图3-3 某建筑物平面图、基础平面及剖面图

水泥砂浆、Mu10机红砖砌筑砖基础；M5混合砂浆、Mu10机红砖砌筑墙体，原浆勾缝。内、外墙计算高度均为3.6m。门窗洞口宽度在1m以内的设钢筋砖过梁，门窗洞口宽度超过1m的设钢筋混凝土过梁。构造柱生根于基础圈梁。门窗洞口尺寸见表3-50，钢筋混凝土构件体积见表3-51。试完成以下内容：

(1)对砌筑工程相关清单项目列项。

(2)计算各清单项目的清单工程量及对应定额工程量。

(3)编制砌筑工程工程量清单。

表3-50   门窗尺寸表

门窗名称	洞口尺寸(宽×高)	数量	门窗名称	洞口尺寸(宽×高)	数量
C1	1500mm×1500mm	3	M1	1000mm×2400mm	1
C2	1200mm×1500mm	1	M2	900mm×2400mm	1

表3-51   钢筋混凝土构件体积表

构件名称		构件体积
钢筋混凝土过梁	洞口宽1.2m	0.11m³/根
	洞口宽1.2m	0.13 m³/根
标高3.6m处圈梁	外墙	1.79 m³
	内墙	0.22 m³
基础圈梁		2.48m³
构造柱	±0.00以上	0.54m³/根
	±0.00以下	0.01m³/根

案例解析步骤：

1. 分析及列项

本实例设计的构件有：基础垫层、砖基础、砖墙、钢筋砖过梁及钢筋混凝土构件。其中，基础垫层材料为3：7灰土，在《计价规范》中未单独列项，故将其报价包含在砖基础内；钢筋砖过梁报价包含在砖墙内；钢筋混凝土构件在混凝土及钢筋混凝土工程中单独编码列项，因此，本例应列清单项目有：砖基础、实心砖(内、外)墙。

2. 工程量计算

为方便各工程量的计算，本实例首先计算常用数据。

本实例外墙墙厚为365mm，则其定位轴线与中心线不重合，两者相距62.5mm，见图3-4。

因此：

外墙中心线长=(3.6×2+0.0625×2+4.8+0.0625×2)
　　　　　　×2=24.5(m)

内墙净长线长=4.8-0.24=4.56(m)

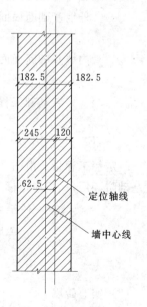

图3-4 定位轴线与墙
中心线示意图

此外，门窗尺寸表可知：

M1、M2 的洞口尺寸分别为 1m、0.9m，均在 1m 以内；C1、C2 洞口尺寸均在 1m 以上。按照设计规定，M1、M2 洞口上设置钢筋砖过梁，C1、C2 洞口上设置钢筋混凝土过梁。经归纳、整理，墙内门窗洞口及钢筋混凝土埋件占用体积见表 3-52。

表 3-52　　　　　　　　　门窗洞口及墙体钢筋混凝土埋件占用体积表

门窗洞口及墙体埋件名称	所在部位及占用体积/m³		
	外墙	内墙	基础
M1	0.88		
M2		0.52	
C1	2.64		
C2	0.66		
基础圈梁			2.48
标高 3.6m 处圈梁	1.79	0.22	
钢筋混凝土过梁	0.50		
构造柱	2.16		0.04
合计	8.63	0.74	2.52

（1）砖基础。

1）清单工程量。由图 3-3 某建筑物平面图、基础平面及剖面图（c）（d）可知，本实例设计基础与墙采用同种材料，且未设地下室，故基础与墙身的分界取至±0.00m。

外墙基础断面面积＝外墙基础墙墙厚×基础高度＋大放脚增加面积

$$=0.365×(1.3-0.3)+0.04725=0.41(m^2)$$

内墙基础断面面积＝内墙基础墙墙厚×基础高度＋大放脚增加面积

$$=0.24×(1.3-0.3)+0.0945=0.33(m^2)$$

砖基础工程量＝基础长度×基础断面面积－基础圈梁、构造柱占用体积

$$=24.5×0.41+4.56×0.33-2.52$$

$$=9.03(m^3)$$

2）定额工程量。由图 3-3 某建筑物平面图、基础平面及剖面图（c）（d）可知，本实例未设基础防潮层，故相应定额工程量只计算砖基础工程量及垫层工程量即可。

砖基础工程量＝9.03m³

垫层工程量＝垫层长度×垫层断面面积

$$=(24.5+4.8-0.45×2)×0.9×0.3$$

$$=7.67(m^3)$$

（2）实心砖墙。

1）清单工程量。根据实心砖墙清单项目清单工程量计算规则，实心砖墙清单工程量中不扣除砖过梁所占的体积，则由表 3-52 门窗洞口及墙体钢筋混凝土埋件占用体积表

可知：

实心砖(外)墙工程量＝墙长度×墙厚度×墙高度－外墙上门窗洞口、钢筋混凝土埋件所占体积

$$＝24.5×0.365×3.6－8.63$$
$$＝23.56(m^3)$$

实心砖(内)墙工程量＝墙长度×墙厚度×墙高度－内墙上门窗洞口、钢筋混凝土埋件所占体积

$$＝4.56×0.24×3.6－0.74$$
$$＝3.20(m^3)$$

2) 定额工程量。实心砖墙定额项目与其清单项目不同，实心砖墙定额项目内不包含钢筋砖过梁，因此，钢筋砖过梁应单独列项计算工程量。为方便实心砖墙工程量的计算，减少重复计算的工作量，首先计算钢筋砖过梁的工程量。计算式如下：

钢筋砖过梁工程量＝(门、窗洞口宽度＋0.5m)×0.44m×墙厚度

M1 钢筋砖过梁工程量＝$(1.0＋0.5)×0.44×0.365＝0.24(m^3)$

M2 钢筋砖过梁工程量＝$(0.9＋0.5)×0.44×0.24＝0.15(m^3)$

钢筋砖过梁工程量＝$0.24＋0.15＝0.39(m^3)$

实心砖墙工程量计算式如下：

实心砖(外)墙工程量＝墙长度×墙厚度×墙高度－外墙上门窗洞口、埋件所占体积

$$＝24.5×0.365×3.6－(8.63＋0.24)$$
$$＝23.32(m^3)$$

实心砖(内)墙工程量＝墙长度×墙厚度×墙高度－内墙上门窗洞口、埋件所占体积

$$＝4.56×0.24×3.6－(0.74＋0.15)$$
$$＝3.05(m^3)$$

3. 编制砌筑工程工程量清单

砌筑工程工程量清单见表3－53分部分项工程量清单与计价表。

表 3－53　　　　　　　　　　　分部分项工程量清单与计价表

工程名称：　　　　　　　　　　　　　　　标段：

序号	项目编码	项目名称	项目特征描述	计量单位	工程量	金额/元		
						综合单价	合价	其中：暂估价
			A.3 砌筑工程					
1	010301001001	砖基础	M5 水泥砂浆、Mu10 机红砖砌筑条形砖基础，基础深度 1.4m	m³	9.03			
2	010302001001	实心砖墙	M5 混合砂浆 M10 标准砖砌筑，365mm 厚外墙，墙高 3.6m，原浆勾缝	m³	23.56			
3	010302001002	实心砖墙	M5 混合砂浆 M10 标准砖砌筑，240mm 厚外墙，墙高 3.6m，原浆勾缝	m³	3.20			

【案例 3－20】

某现浇框架结构房屋的三层结构平面如图 3－5 某房屋三层结构平面图所示。已知二层板顶标高为 3.3m，三层板顶标高为 6.6m，板厚 100mm，构件断面尺寸见表 3－54 构件尺寸表。试对图中所示钢筋混凝土构件进行列项并计算其工程量。

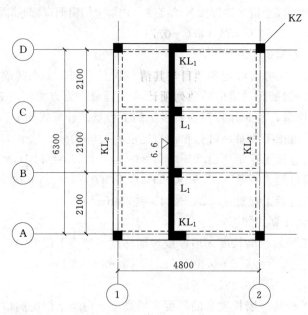

图 3－5　某房屋三层结构平面图

表 3－54　　　　　　　　　　　　　　　构件尺寸表

构件名称	构件尺寸/(mm×mm)	构件名称	构件尺寸/(mm×mm)
KZ	.400×400（宽×高）	KL$_2$	300×600（宽×高）
KL$_1$	250×550（宽×高）	L$_1$	250×500（宽×高）

案例解析：

1. 列项

由已知条件可知，本实例设计的钢筋混凝土构件有框架柱（KZ）、框架梁（KL）、梁（L）及板，且支模高度＝6.6－3.3－0.1＝3.2m＜3.6m，故本实例应列项目为：

模板工程：包括矩形柱（KZ），单梁（KL$_1$、KL$_2$、L$_1$），平板；

混凝土工程：包括矩形柱（KZ），单梁（KL$_1$、KL$_2$、L$_1$），平板。

2. 计算

（1）模板工程量。

模板工程量＝混凝土与模板的接触面积

1）矩形柱。

矩形柱模板工程量＝柱周长×柱高度－柱与梁交接处的面积

132

$$=0.4\times4\times(6.6-3.3-0.1)\times4(根)-[0.25\times0.45\times4(KL_1)$$
$$+0.3\times0.5\times4(KL_2)]+0.4\times2\times0.1\times4(柱外侧板厚部分)$$
$$=20.48-(0.45+0.6)+0.32=19.75(m^2)$$

2）单梁。

单梁模板工程量＝梁支模展开宽度×梁支模长度×根数

$$KL_1\ 模板工程量=(0.25+0.55+0.55-0.1)\times(4.8-0.2\times2)\times2$$
$$=1.25\times4.4\times2=11(m^2)$$

$$KL_2\ 模板工程量=(0.3+0.6+0.6-0.1)\times(6.3-0.2\times2)\times2-0.25\times(0.5-0.1)$$
$$\times4(与\ L_1\ 交接处)$$
$$=1.4\times5.9\times2-0.4=16.12(m^2)$$

$$L_1\ 模板工程量=[0.25+(0.5-0.1)\times2]\times(4.8+0.2\times2-0.3\times2)\times2$$
$$=1.05\times4.6\times2=9.66(m^2)$$

单梁模板工程量＝KL_1、KL_2、L_1 模板工程量之和＝$11+16.12+9.66=36.78m^2$

3）板模板。

板模板工程量＝板长度×板宽度－柱所占面积－梁所占面积
$$=(4.8+0.2\times2)\times(6.3+0.2\times2)-0.4\times0.4\times4$$
$$-[0.25\times(4.8-0.2\times2)\times2(KL_1)+0.3\times(6.3-0.2\times2)$$
$$\times2(KL_2)+0.25\times(4.8+0.2\times2-0.3\times2)\times2\ (L_1)]$$
$$=34.84-0.64-(2.2+3.54+2.3)=26.16(m^2)$$

（2）混凝土。

混凝土工程量＝构件实体体积

1）矩形柱。

矩形柱混凝土工程量＝柱断面面积×柱高度×柱根数
$$=0.4\times0.4\times3.3\times4$$
$$=2.11(m^3)$$

2）单梁。

混凝土工程量＝梁宽度×梁高度×梁长度×根数

$$KL_1\ 混凝土工程量=0.25\times(0.55-0.1)\times(4.8-0.2\times2)\times2$$
$$=0.99(m^3)$$

$$KL_2\ 混凝土工程量=0.3\times(0.6-0.1)\times(6.3-0.2\times2)\times2$$
$$=1.77(m^3)$$

$$L_1\ 混凝土工程量=0.25\times(0.5-0.1)\times(4.8+0.2\times2-0.3\times2)\times2$$
$$=0.92(m^3)$$

单梁混凝土工程量＝KL_1、KL_2、L_1 混凝土工程量之和
$$=0.99+1.77+0.92$$
$$=3.68(m^3)$$

3）板。

板混凝土工程量＝板长度×板宽度×板厚度－柱所占体积

$$=(6.3+0.2\times2)\times(4.8+0.2\times2)\times0.1-0.4\times0.4\times0.1\times4$$
$$=3.484-0.064$$
$$=3.42(\text{m}^3)$$

四、质量要求

(1) 规范应用准确。

(2) 书写规范，要求字迹工整、清晰。

(3) 工程量计算过程计算详细、完整、正确。

(4) 按规定的顺序装订成册。

(5) 课程实训期间，要求通过教师指导，独立计算，严禁捏造、抄袭等。

五、阅读房屋建筑工程图的一般顺序

(1) 先读首页图。包括图纸目录、设计总说明、门窗表以及经济技术指标等。

(2) 读总平面图。包括地形地势特点、周围环境、坐标、道路等情况。

(3) 读建筑施工图。从标题栏开始，依次读平面形状及尺寸和内部组成，建筑物的内部构造形式、分层及各部位连接情况等，了解立面造型、装修、标高等，了解细部构造、大小、材料、尺寸等。

(4) 读结构施工图。从结构设计说明开始，包括结构设计依据、材料标号及要求、施工要求、标注图选用等。读基础平面图，包括基础的平面布置及基础与墙、柱轴线的相对位置关系，以及基础的断面形状、大小、基底标高、基础材料及其他构造做法，还要读懂梁、板等结构的布置、尺寸，以及构造配筋及屋面结构布置等，乃至梁、板、柱、基础、楼梯的构造做法。

(5) 读设备施工图。包括管道平面布置图、管道系统图、设备安装图、工艺设备图等。

六、学生实训练习页

分类分项工程量清单及计算表见表 3-55 和表 3-56。

表 3-55　　　　　　　　　分类分项工程量清单

工程名称：某办公楼

序号	项目编码	项目名称	项目特征	单位	工程数量	工作内容	备注
1		平整场地					
2		挖基础土方					
3		砌筑外墙					
4		砌筑内墙					
5		C15混凝土垫层					
6		房心回填土					
7		现浇混凝土独立基础J1					
8		现浇有梁板					

表 3 - 56   分类分项工程量计算表

序号	项目编码	项目名称	计量单位	工程数量	计算过程	备注

学习单元六 分 部 概 算、总 概 算

一、教师教学指导参考

计划安排表见表 3 - 57。

表 3 - 57   计 划 安 排 表

第一部分 建筑工程	第二部分 机电设备及安装工程	第三部分 金属结构设备及安装工程	第四部分 施工临时工程	第五部分 独立费用
4	4	2	2	4

二、实施准备

概算表见表 3 - 58～表 3 - 60。

表 3 - 58   建 筑 工 程 概 算 表

序 号	工程或费用名称	单 位	数 量	单价/元	合计/元

表 3 - 59   设 备 及 安 装 工 程 概 算 表

序号	名称及规格	单 位	数 量	单价/元		合计/万元	
				设备费	安装费	设备费	安装费

表 3 - 60   独 立 费 用 概 算 表

序号	工程及费用名称	概算价格/万元		合计/万元
		数量	标准	

三、实施过程

1. 主体建筑工程

分项工程合价＝数量×单价   逐项累计

2. 设备费

$$设备费=设备数量×设备预算价格\quad 逐项累计$$

3. 安装费

$$设备安装费=设备数量×设备安装单价\quad 逐项累计$$

4. 独立费用

依据相关标准、规定计算，逐项累计

5. 完成分年度投资表

6. 计算预备费、建设期融资利息、静态投资、动态总投资

四、质量要求

（一）分年度投资

分年度投资是根据施工组织设计确定的施工进度和合理工期而计算出的工程各年度预计完成的投资额。

1. 建筑工程

对主要工程按施工进度安排的各单项工程分年度完成的工程量和相应的工程单价进行计算。对于次要的和其他工程，可根据施工进度按每年所完成投资的比例，摊入分年度投资表。

2. 机电和金属结构设备及安装工程

按施工进度安排和各单项工程分年度完成的工程量计算设备费和安装费。

3. 独立费用

根据费用的性质、发生的先后与施工时段的关系，按相应施工年度分摊计算投资。

（二）资金流量

资金流量表的编制以分年度投资表为依据，按照工程建设资金投入时间计算各年度使用的资金量，分别按建筑安装工程、永久设备工程和独立费用三种类型计算。设计概算中的资金流量计算方法如下：

1. 建筑及安装工程资金流量

在分年度投资的基础上，将预付款支付、扣回，保留金及其偿还等计入后的分年度投资安排。

（1）预付款。预付款分为工程预付款和工程材料预付款两种。其中：

1）工程预付款。①工程预付款的数量：建安工作量的 $10\%\sim20\%$，需要购置特殊施工机械设备或者项目施工难度较大者取大值，其他项目取中值或小值；②工程预付款的时间安排：工期在 3 年以内的，全部在第一年；工期在 3 年以上的安排在前两年；③工程预付款的扣回：时间上从完成建安工作量的 30% 开始，数量为完成建安工作量的 $20\%\sim30\%$ 直至预付款全部收回为止。

2）工程材料预付款。分年度投资中次年建安工作量的 20% 在本年支取，并于次年扣回，以此类推，直至本项目竣工。河道和灌溉工程不计此项。

（2）保留金。保留金的扣留数量按分年度完成的 5%，截止时间为完成建安工作量的 50%。总的数量为建安工作量的 2.5%（$5\%×50\%$）。保留金的返还全部计入该工程终止后一年，如果该年已超过总工期，则计入工程的最后一年。

2. 永久设备工程资金流量

永久设备工程资金流量分主要设备和一般设备两种类型计算。

（1）主要设备指水轮发电机组、大型水泵、大型电机、主阀、主变压器、桥机、门机、高压断路器或高压组合电器、闸门启闭设备等。其资金流量计算按设备到货周期确定各年资金流量比例，具体比例见表 3-61。

表 3-61　　　　　　　　　　　　各 年 资 金 流 量 比 例

年份 到货周期	第 1 年	第 2 年	第 3 年	第 4 年	第 5 年	第 6 年
1 年	15%	75%*	10%			
2 年	15%	25%	50%*	10%		
3 年	15%	25%	10%	40%*	10%	
4 年	15%	25%	10%	10%	30%*	10%

* 对应的年份为设备到货年份。

（2）其他设备资金流量按到货前一年预付 15% 的定金，到货后支付 85% 的剩余价款。

3. 独立费用资金流量

独立费用资金流量主要是在勘测设计费的支付方式上应考虑质量保证金的要求，其他项目均按分年度投资表的资金安排计算。

（1）可行性研究和初步设计阶段勘测设计费按工期平均分配。

（2）技施阶段勘测设计费的 95% 按工期平均分配，勘测设计费的 5% 作为设计保证金，计入最后一年的资金流量表中。

五、学生实训练习页

完成分部概算表（表 3-62～表 3-66）、总概算表（表 3-67）。

表 3-62　　　　　　　　　　　　建 筑 工 程 概 算 表

序号	工程或费用名称	单位	数量	单价/元	合价/元
	第一部分 建筑工程				
一	主体建筑工程				
（一）	枢纽工程				
1	进水闸				
	碎石土开挖	m³	651.2	13.3	
	碎石土夯填	m³	19.5	21.2	
	M10 砂浆砌导墙	m³	1904.6	317.0	
	C15 混凝土铺盖	m³	198.3	327.6	
	C15 混凝土闸墩	m³	245.9	286.8	
	C20 混凝土底板	m³	227.4	315.2	

序号	工程或费用名称	单位	数量	单价/元	合价/元
	C20 混凝土胸墙	m³	36.6	362.9	
	C25 混凝土板梁柱	m³	53.8	456.3	
	钢筋制安	t	40.4	5709.4	
	其他细部结构	m³	762	361.9	
2	泄冲闸				
	碎石土开挖	m³	2853.2	13.3	
	砂砾石开挖	m³	7807.7	16.6	
	碎石土夯填	m³	3440	21.2	
	反滤料填筑	m³	450	19.3	
	M10 砂浆砌石导墙	m³	2953.5	317.0	
	M5 砂浆砌石底板	m³	1588	217.3	
	C15 混凝土铺盖	m³	453.4	327.6	
	C15 混凝土底板	m³	1323.4	306.8	
	C15 混凝土闸墩	m³	1645.1	286.8	
	C15 混凝土导墙	m³	820.2	297.7	
	C15 混凝土挡墙	m³	206.3	386.4	
	C20 混凝土底板	m³	1796.4	315.2	
	C25 混凝土板梁柱	m³	135.2	456.3	
	硅粉混凝土护坡	m³	452	487.8	
	钢筋制安	t	296	5709.4	
	其他细部结构	m³	6380	361.9	
3	交通桥				
	C15 混凝土桥墩	m³	274.9	347.8	
	C25 混凝土桥面板梁	m³	309.6	631.9	
	钢筋制安	t	45.7	5709.4	
	其他细部结构	m³	584.5	361.9	
4	溢流坝				
	碎石土开挖	m³	2766.5	13.3	
	砂砾石开挖	m³	5393.2	16.6	
	碎石土夯填	m³	2651.1	21.2	
	反滤层	m³	347	19.3	
	M10 砂浆砌导墙	m³	3053.1	317.0	
	干砌石海漫	m³	1080	92.5	

序号	工程或费用名称	单位	数量	单价/元	合价/元
	C15 混凝土外包	m³	501.5	378.2	
	C15 混凝土底板	m³	972.7	306.8	
	C15 混凝土导墙	m³	735.4	297.7	
	C15 混凝土挡墙	m³	137.5	386.4	
	钢筋制安	t	40.4	5709.4	
	其他细部结构	m³	2347.1	361.9	
(二)	引水工程				
1	明渠				
	碎石土开挖	m³	4260	13.3	
	碎石土夯填	m³	5025	21.2	
	M10 砂浆抹面	m³	180	562.9	
	C15 混凝土边坡	m³	715	462.2	
	C15 混凝土底板	m³	185	306.8	
	塑料薄膜	m²	1203	3.5	
	其他细部结构	m³	900	361.9	
2	跨渠排涵				
	碎石土开挖	m³	996	13.3	
	碎石土夯填	m³	1226	21.2	
	砂砾石垫层	m³	122	133.6	
	C15 混凝土梁	m³	124	569.0	
	钢筋制安	t	12	5709.4	
	其他细部结构	m³	124	361.9	
3	沉砂池				
	C15 混凝土底板	m³	255	306.8	
	钢筋制安	t	8	5709.4	
	其他细部结构	m³	255	361.9	
4	隧洞				
	石方洞挖	m³	120750	531.8	
	C15 混凝土超挖回填	m³	11402	339.1	
	C20 混凝土衬砌	m³	29476	431.4	
	C20 混凝土喷射	m³	5740	769.7	
	钢筋制安	t	1179	5709.4	
	锚筋埋设	根	15840	92.4	

序号	工程或费用名称	单位	数量	单价/元	合价/元
	钢丝网	t	9	5012.8	
	其他细部结构	m³	46618	361.9	
5	前池				
	土方开挖	m³	13898	13.9	
	砂砾石开挖	m³	2011	16.6	
	砂砾石夯填	m³	885	21.2	
	岩石开挖	m³	22266	78.4	
	C15 混凝土底板	m³	163	306.8	
	C15 混凝土边墙	m³	936	386.4	
	C15 混凝土溢流堰	m³	420	604.2	
	C15 混凝土冲砂廊道底板	m³	82	388.3	
	C20 混凝土冲砂廊道	m³	245	483.4	
	C20 混凝土进水口	m³	2674	549.1	
	钢筋制安	t	180	5709.4	
	其他细部结构	m³	4520	361.9	
6	泄水道				
	土方开挖	m³	7338	13.9	
	砂砾石开挖	m³	6482	16.6	
	砂砾石夯填	m³	156	21.2	
	C15 混凝土底板	m³	288	306.8	
	C15 混凝土侧墙	m³	405	386.4	
	钢筋制安	t	2.5	5709.4	
	其他细部结构	m³	693	361.9	
7	压力管道				
	土方开挖	m³	8922	13.9	
	砂砾石开挖	m³	10060	16.6	
	砂砾石垫层	m³	806	133.6	
	C15 混凝土基础	m³	401	311.7	
	C15 混凝土护坡	m³	350	479.5	
	C15 混凝土镇墩	m³	742	310.5	
	C20 混凝土压力管道	m³	1204	272.5	
	钢筋制安	t	110	5709.4	
	其他细部结构	m³	2697	361.9	
(三)	发电厂房				
	土方开挖	m³	25596	13.9	

序号	工程或费用名称	单位	数量	单价/元	合价/元
	砂砾石开挖	m³	3572	16.6	
	砂砾石夯填	m³	498	21.2	
	砂浆砌砖	m³	198	314.5	
	C15 混凝土挡土墙	m³	45	386.4	
	C15 混凝土散水	m³	292	201.7	
	C15 混凝土尾水渠底板	m³	185	388.3	
	C15 混凝土尾水渠边坡	m³	2692	419.4	
	C15 混凝土下部结构	m³	958	291.5	
	C20 混凝土下部结构	m³	330	364.8	
	C25 混凝土上部结构	m³	256	343.4	
	钢筋制安	t	1066	5709.4	
	主付厂房建筑	m²	4700	750.0	
	其他细部结构	m³	4700	361.9	
（四）	升压变电站工程				
	C15 混凝土底板	m³	110	306.8	
	C20 混凝土排架	m³	5	335.8	
	钢筋制安	t	2	5709.4	
	其他细部结构	m³	115	361.9	
（五）	防洪工程				
	土方开挖	m³	1750	13.9	
	砂砾石开挖	m³	4260	16.6	
	岩石开挖	m³	500	78.4	
	C15 混凝土底板	m³	1380	306.8	
	钢筋制安	t	15	5709.4	
	其他细部结构	m³	1380	361.9	
（六）	内部观测工程	万元	5604		
二	交通工程				
	跨江大桥	座	1	2500000.0	
三	房屋建筑工程				
	管理及生活房屋建筑	m²	2870	950.0	
四	供电线路工程				
	动力线路 10kv	km	3	50000.0	
	降压线	座	1	25000.0	
五	环境保护费				614000

表 3-63　机电设备及安装工程概算表

序号	名称及规格	单位	数量	单价/元		合价/万元	
				设备费	安装费	设备费	安装费
	第二部分 机电设备及安装工程						
一	发电设备及安装						
(一)	水轮机设备及安装	套	3	1521965.1	181075.2		
(二)	发电机设备及安装	套	3	2599415.8	332986.2		
(三)	起重设备及安装						
	桥式起重机	台	1	553954.6	380900.0		
	轨道 43kg/m	m	90		2072.7		
	滑触线	m	90		242.3		
(四)	水力机械辅助设备						
1	压气系统	套	2	90000.0	148412.0		
2	油系统	套	4	100000.0	153928.0		
3	水系统	套	4	120000.0	443642.0		
(五)	电气设备及安装						
1	发电电压设备	套	3	320000.0	88561.0		
2	控制保护	套	3	450000.0	67031.0		
3	直流系统	套	2	180000.0	162044.5		
4	厂用电系统	套	4	120000.0	21158.5		
5	电工试验设备	套	3	16000.0	784.1		
6	电缆	m	180	40.0	19.5		
7	母线	m	30	120.2	155.9		
(六)	通信设备及安装						
1	载波通信	套	2	35000.0	12220.5		
2	调度通信	套	3	54000.0	8421.3		
(七)	机修设备及安装	项	2	76000.0	5672.1		
二	升压变压设备及安装						
1	主变压器设备及安装	台	3	450000.0	19422.6		
2	高压电气设备及安装	项	3	120000.0	28124.7		
3	一次拉线及其他安装	m	30				
三	其他设备及安装						
(一)	全厂照明	套	1	5282.8	1200.6		
(二)	全厂接地	t	4.7	5000.0	11724.1		
(三)	保护网	m²	20	4250.4	342.4		
(四)	消防设备	套	6	1273.6	120.8		
(五)	交通工具购置费	套	2	400000.0			

序号	名称及规格	单位	数量	单价/元		合价/万元	
				设备费	安装费	设备费	安装费
	第三部分 金属结构设备及安装工程						
一	枢纽工程						
1	闸门设备及安装	套	6	60000.0	1519.3		
2	启闭设备及安装						
	卷扬式启闭机	台	2	49368.2	15403.4		
	液压式启闭机	台	3	267105.0	55348.9		
	门式启闭机	台	1	312580.0	56289.8		
	轨道 132a（机房）	m	120	250.0	2072.7		
二	压力前池工程						
1	前池拦污栅设备及安装						
	拦污栅栅体 9t/片	t	27	6800.0	3359.0		
	拦污栅栅槽	t	54	6500.0	2199.6		
	弧形冲砂闸闸门	t	48	8000.0	1519.3		
	埋件 1t/套	套	2	6500.0	2262.9		
2	启闭设备及安装						
	清污机	台	1	50000.0	38460.4		
	钝齿式启闭机	台	2	40000.0			
	轨道 43kg/m	m	60	250.0	2072.7		
三	厂房尾水工程						
1	闸门设备及安装						
	尾水闸检修门	t	5	7000.0	1087.5		
	埋件 6孔 2t/孔	t	12	6500.0	2262.9		
2	启闭设备及安装						
	电动葫芦	台	1	10249.6	976.3		
	轨道 132a	m	30	250.0	2072.7		

表 3 - 65 施工临时工程概算表

序号	工程或费用名称	单位	数量	单价/元	合价/元
	第四部分　施工临时工程				
一	导流工程				
1	导流明渠				
	砂砾石开挖	m³	428	16.6	
	砂砾石填筑	m³	489	21.2	
	垫层料填筑	m³	473	141.9	
	M10 砂浆砌 C15 混凝土预制板	m³	277	487.8	
2	二期纵向围堰				
	黏土填筑	m³	429	6.0	
	砂砾石保护层填筑	m³	156	19.3	
	砂砾石填筑	m³	1544	21.2	
	M10 浆砌石砌筑	m³	110	248.7	
3	一期下游围堰				
	黏土填筑	m³	103	6.0	
	砂砾石保护层填筑	m³	129	19.3	
	石碴碎石土填筑	m³	1248	18.1	
4	二期导流围堰				
	砂砾石封堵	m³	360	7.0	
5	厂房草袋黏土围堰填筑	m³	200	151.7	
二	隧洞支护工程				
	钢拱架	t	767	5400.0	
三	房屋建筑工程				
	办公室	m²	500	750.0	
	宿舍	m²	7060	750.0	
	其他福利建筑	m²	2100	820.0	
四	施工交通工程				
	新建道路	km	1	30000.0	

序号	工程或费用名称	单位	数量	单价/元	合价/元
	跨江公路桥 $L=80m$，$B=7m$	座	1	1200000.0	
五	供电线路工程				
	35kV 输电线路架设	km	1	80000.0	
	10kV 输电线路架设	km	3	40000.0	
六	其他临时工程	%	3.5		

表 3 - 66　　　　　　独 立 费 用 概 算 表　　　　　单位：万元

序号	工程名称	概算价格		合计
		数量	标准	
	第五部分 独立费用			
一	建设管理费			
1	项目建设管理费			
2	工程建设监理费			
3	联合试运转费			
二	生产准备费			
1	生产及管理单位提前进厂费			
2	生产职工培训费			
3	管理用具购置费			
4	备品备件购置费			
5	工器具及生产家具购置费			
三	科研勘测设计费			
1	工程科学研究试验费			
2	工程勘测设计费			
四	建设及施工场地征用费			
五	其他			
1	定额编制管理费			
2	工程质量监督费			
3	工程保险费			
4	其他税费			

表 3-67 　　　　　　　　　　　　　総 　概 　算 　表　　　　　　　　　　　　　单位：万元

序号	工程或费用名称	建安工程费	设备购置费	独立费用	预备费	合计	占总投资比例/%
一	第一部分 建筑工程						
二	第二部分 机电设备及安装工程						
三	第三部分 金属结构设备及安装工程						
四	第四部分 施工临时工程						
五	第五部分 独立费用						
六	一至五部分之和						
七	预备费						
1	基本预备费						
2	价差预备费						
八	建设期融资利息						
九	静态投资						
十	动态总投资						

学习单元七　工程量清单计价

一、学习计划安排

学习计划安排见表 3-68。

二、实施准备

(1) 水利工程工程量清单计价规范（2007 版）。

表 3-68 **学 习 计 划 安 排 表**

学习任务		工程量计算				
教学时间（学时）		6		适用年级		2年级
教学目标	知识目标	让学生了解水利工程工程量清单计价规范，并在今后的工作中加以应用				
	技能目标	识读水利工程图纸，熟悉水利工程工程量清单计价规范的使用，掌握水利工程工程量的计算				
	情感目标	通过实训，培养学生严格的工作作风与吃苦耐劳的精神				

教学过程设计

时间	教学流程	教学法视角	教学活动	教学方法	媒介	重点
30min	课程导入	激发学生的学习兴趣	布置任务、提出问题	项目教学引导文	图片、材料	分组应合理、任务恰当、问题难易适当
60min	演练	教师提问、学生回答	图纸的识读规范的应用	课堂对话	水利工程工程量清单计价规范	注重引导学生、激发学生的积极性
120min	学生分组实训（教师指导）	学生主动积极参与实训及团队合作精神培养	根据布置的任务及教师的演示，学生在教室完成实训	项目教学小组讨论	水利工程工程量清单计价规范	规范应用
30min	学生自评	自我意识的觉醒，有自己的见解培养沟通、交流能力	检查操作过程，数据书写，规范的应用的正确性	小组合作	规范；学生工作记录	学生检查规范的应用
40min	学生汇报、教师评价、总结	学生汇报总结性报告，教师给予肯定或指正	每组代表展示实操成果并小结、教师点评与总结	项目教学学生汇报小组合作	投影、白板	注意对学生的表扬与鼓励

（2）本规范适用于水利枢纽、水力发电、引（调）水、供水、灌溉、河湖整治、堤防等新建、扩建、改建、加固工程的招标投标工程量清单编制和计价活动。

（3）水利工程工程量清单计价活动应遵循客观、公正、公平的原则。

（4）水利工程工程量清单计价活动除应遵循本规范外，还应符合国家有关法律、法规及标准、规范的规定。

（5）工程概况。

某淤地坝控制面积 5.80km²，设计坝高 30.5m，坝顶长 123.0m，坝顶宽 5.0m，铺底长 158.3m，迎水坡坡长为 1：2、1：2.25、1：2.5。总库容 96.72 万 m³，拦泥库容 55.08 万 m³，滞洪库容 41.64 万 m³，淤地面积 8.02hm²。设计淤泥面高程 1923.9m，校核洪水位高程 1927.9m，坝顶高程 1929.5m。马道高程分别为 1911.7m、1921.7m，马道总长 169m。反滤体高 6.0m，长 49m。岸坡排水沟长 233m。卧管最低放水孔高程 1908.4m，相应库容为 2.22 万 m³；卧管最高放水孔高程 1927.9m，卧管长 43.6m，卧管设计为矩形断面，宽×高＝0.6m×0.6m；放水孔孔径 D＝0.25m，台阶高差 0.30m。涵管进水口高程 1906.92m，出水口高程 1905.6m，比降 1‰，长度 132m；涵管管径 0.8m，每节长 3m。泄水明渠为矩形断面，断面尺寸为长×宽×深＝10m×0.8m×1.0m；明渠消力池长 2.0m，宽 1.1m，深 0.3m；陡坡长度 56.6m，渠深 0.8m，渠宽 0.8m，陡坡消力池长 3.5m，宽 1.1m，深 0.5m；在陡坡消力池出口接尾水渠，尾水渠呈"八"字形扩散段，长 3m，进口宽 1.1m，出口宽 2.7m。

三、实施过程

(1) 熟悉工程概况。

(2) 识读工程图纸（图 3-6～图 3-12）。

(3) 按规范进行工程量计算。

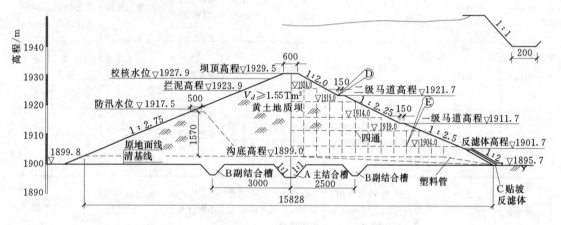

图 3-6　坝体横剖面图

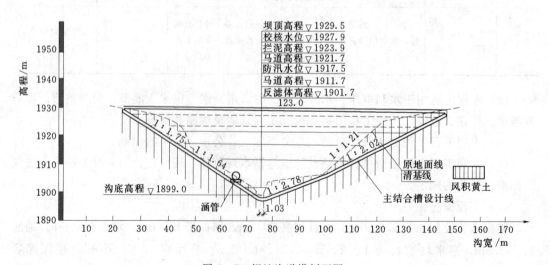

图 3-7　坝址沟道横剖面图

148

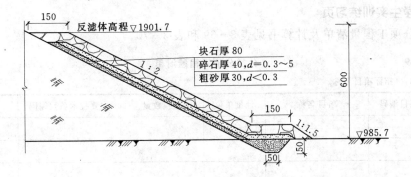

图 3-8 反滤体详图

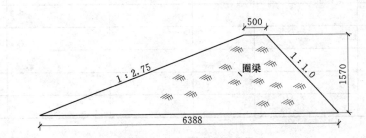

图 3-9 围堰横断面图

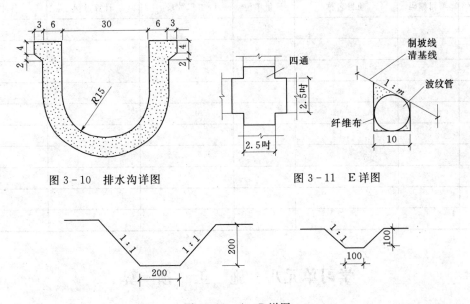

图 3-10 排水沟详图   图 3-11 E详图

图 3-12 A、B详图

四、质量要求

(1) 规范应用准确。

(2) 数据计算保留 2 位小数。

(3) 书写规范、过程计算要详细。

五、学生实训练习页

分类分项工程量清单及计算书见表 3-69 和表 3-70。

表 3-69   **分类分项工程量清单**

工程名称：（招标项目名称）

序号	项目编码	项目名称	计量单位	工程数量	主要技术条款编码	备注

表 3-70   **分类分项工程量清单计算书**

序号	项目编码	项目名称	计量单位	工程数量	计算过程	备注

学习单元八   施 工 预 算

一、实训任务

以小组为单位，编制某项工程的施工预算。

二、实训目标

1. 实训总目标

通过工程施工预算编制实务训练，提高学生正确贯彻执行国家建设工程相关法律、法规，正确应用现行的建筑工程规范、标准图集等的基本技能，提高学生运用所学的专业理论知识独立分析问题和解决工程实际问题的能力，使学生熟练掌握建筑工程施工预算的编制方法和技巧，培养学生编制建筑工程施工预算的专业技能。

2．能力目标

（1）掌握工程施工预算的编制原理和方法步骤。

（2）具备熟练使用规范、施工定额、标准图集等资料编制建筑工程施工预算的能力。

（3）培养学生一丝不苟的学习态度和自觉学习的良好习惯和科学、严谨的工作态度与团结协作、开拓创新的素质，为能够胜任今后的造价员岗位工作打下坚实的基础。

3．知识目标

（1）熟悉施工图纸，掌握制图规范、标准图集。

（2）熟悉施工定额，掌握施工方法和工程量计算规则。

（3）具有编制工程结算和竣工决算的能力。

4．素质目标

（1）培养严肃认真的工作态度，细致严谨的工作作风。

（2）培养理论与实际相结合，独立分析问题和解决问题的能力。

三、实训内容

1．工程资料

已知某工程资料（见本项目《实训实例》）：

（1）建筑施工图、结构施工图。

（2）建筑设计总说明、建筑做法说明、结构设计说明、施工图预算。

（3）其他未尽事项，可根据规范、图集及具体情况由指导老师统一确定选用，并在施工预算编制说明中注明。

2．施工预算编制内容

（1）文字说明部分。

1）单位工程概况。

2）图纸审查意见。

3）采用的施工定额。

4）施工部署及施工期限。

5）各种施工措施。

6）遗留问题及解决办法。

（2）计算表格部分。

1）工程量计算表。

2）施工预算表。

3）人工汇总表。

4）材料汇总表。

5）机械汇总表。

6）"两算"对比表

四、实训时间安排

实训时间根据学校统一安排进行。具体时间安排见表3-71。

表 3-71

实 训 时 间 安 排 表

序号	实 训 内 容	时间安排/天
1	实训准备工作：安排实训分组、实训内容，准备有关资料	
2	读识施工图纸、熟悉施工组织设计（或施工方案）	
3	熟悉施工定额、工程量计算规则及相关资料	
4	依据施工定额规定的工程量计算规则列项计算工程量	
5	套用定额，计算直接费及工料分析，汇总	
6	进行"两算"对比	
7	编写编制说明	
8	成果整理、装订成册提交	
9	分组答辩，对学生进行能力考核，并给出实训成绩	
合计		

注　实训具体时间可根据实际情况灵活安排。

五、实训要求

（1）按照指导教师要求的实训进度安排，完成施工预算编制的实训内容。

（2）手工编制土建工程施工预算的全部内容。

（3）实训结束后，所完成的施工预算必须满足以下要求：

1）编制施工预算的内容必须完整、正确，且要求字迹工整、清晰。

2）采用统一的表格，规范填写施工预算的各项内容。

3）按规定的顺序装订成册。

（4）课程实训期间，要求通过教师指导，独立编制施工预算书，严禁捏造、抄袭等，发扬实事求是的精神，力争通过实训使自己具备独立完成工程施工预算工作的能力。

六、施工预算编制步骤

以实物金额法为例编制施工预算的步骤：

（一）熟悉施工图纸及有关资料

熟悉施工图纸及图纸会审记录和设计变更，以及有关标准图集。熟悉施工定额的内容及适用范围，掌握工程量计算规则和有关规定。

（二）了解施工现场及相关情况

在编制施工预算之前，要了解施工现场情况和施工条件，如施工环境、地质条件、道路及施工现场平面布置等。熟悉施工组织设计或施工方案及技术组织措施。

（三）计算工程量

根据施工定额的工程量计算规则及项目的划分，分层分段地计算工程量。在计算工程量过程中，若发现计算项目的名称、计量单位、计算规则与施工图预算的相应工程计算项目一致时，则可以直接利用施工图预算的工程量照抄过来，但项目名称和计量单位一定要与施工定额一致。不能直接利用施工图预算工程量的工程计算项目，则按照本地区现行施工定额工程量计算规则和有关规定计算其工程量。

工程量计算完毕，经过校核无误后，再按施工定额规定的分部分项工程的顺序，分层或分段汇总，整理列项填入施工预算表中。

（四）套用施工定额，进行工料分析和汇总

根据施工定额，将各计算项目的人工、材料和机械台班消耗量填入表内，进行人工工日、材料消耗数量和机械台班消耗数量的计算，编制施工预算工、料、机分析表，同时列出构配件明细表。若本地区或企业没有统一的施工定额，可按所在地区规定或企业内部自行编制的材料消耗定额及现行全国统一劳动定额套用。

（五）计算施工预算的直接费

用工、料、机分析表中的人工、材料和机械台班的消耗量分别乘以相应的人工、材料、机械台班单价，即可求得施工预算的人工费、材料费和机械费。再将计算的人工费、材料费和机械费相加，即得施工预算的直接工程费。

（六）编制施工预算说明书

将施工预算的编制依据，包括采用的图纸名称及编号，采用的施工定额，施工组织设计或施工方案，编制过程中遇到的问题及遗留问题和处理办法等写成编制说明书。最后装订整理成册。

学习单元九　工程结算与竣工决算

一、实训任务

以小组为单位，编制某项工程的竣工结算与竣工决算。

二、实训目标

（一）实训总目标

通过工程竣工结算与竣工决算编制实务训练，提高学生正确贯彻执行国家建设工程相关法律、法规，正确应用现行的建筑工程规范、合同管理等的基本技能，使学生熟练掌握建筑工程竣工结算与竣工决算的编制方法和技巧，培养学生编制工程结算和竣工决算的专业技能，提高学生运用所学的专业理论知识独立分析问题和解决工程实际问题的能力。

（二）能力目标

（1）掌握工程结算和竣工决算的编制依据和方法步骤。

（2）具备熟练使用规范、工程预算、合同规定等资料编制工程竣工结算和竣工决算的能力。

（3）培养学生一丝不苟的学习态度和自觉学习的良好习惯，科学、严谨的工作态度与团结协作、开拓创新的素质，为能够胜任今后的造价员、施工员岗位工作打下坚实的基础。

（三）知识目标

（1）识读设计图纸、施工组织计划和施工进度图等，了解建筑工程建设程序和施工管理方法，掌握施工组织设计的编制内容和方法。

（2）熟悉工程结算的方式、内容和竣工结算报告的编制，掌握工程结算的编制方法和技巧。

（3）熟悉工程竣工决算的组成、内容和竣工决算报告的编制，掌握竣工决算的编制方法和技巧。

（四）素质目标

（1）培养严肃认真的工作态度，细致严谨的工作作风。

（2）培养理论与实际相结合，独立分析问题和解决问题的能力。

三、实训内容

（一）工程资料

已知某工程资料（见本项目《竣工决算实训实例》）：

（1）建筑施工图、结构施工图。

（2）建筑设计总说明、建筑做法说明、结构设计说明。

（3）其他未尽事项，可根据规范、图集及具体情况由指导老师统一确定选用，并在竣工结算、竣工决算编制说明中注明。

（二）编制内容

（1）竣工结算的编制。

（2）竣工决算的编制。

四、实训时间安排

实训时间根据学校统一安排进行。具体时间安排见表 3-72。

表 3-72 实训时间安排表（竣工决算）

序号	实 训 内 容	时间安排/天
1	实训准备工作：安排实训分组、实训内容，准备有关资料	
2	收集、整理和分析有关依据材料	
3	填写竣工决算报表	
4	编写建设项目竣工决算说明书	
5	进行工程造价对比分析	
6	成果整理、装订成册提交	
7	分组答辩，对学生进行能力考核，并给出实训成绩	
合计		

注 实训具体时间可根据实际情况灵活安排。

五、实训要求

（1）按照指导教师要求的实训进度安排，完成竣工结算与竣工决算编制的实训内容。

（2）手工编制竣工结算与竣工决算的全部内容。

（3）实训结束后，所完成的竣工结算与竣工决算必须满足以下要求：

1）编制竣工结算与竣工决算的内容必须完整、正确，且要求字迹工整、清晰。

2）采用统一的表格，规范填写竣工结算与竣工决算的各项内容。

3）按规定的顺序装订成册。

（4）课程实训期间，要求通过教师指导，独立编制竣工结算与竣工决算书，严禁捏造、抄袭等，发扬实事求是的精神，力争通过实训使自己具备独立完成工程结算与竣工决算工作的能力。

六、竣工结算编制步骤

（1）对确定为结算对象的工程项目全面清点，备齐结算依据和资料。

（2）以单位工程为基础，对施工图预算、报价内容进行检查和核对。

（3）对单位工程增减预算进行检查、核对无误后，按单位工程归口。

（4）将各单位工程结算书汇总成单项工程的竣工结算书。

（5）将各单项工程结算书汇总成整个建设项目的竣工结算书。

（6）编写竣工结算说明，包括编制依据、结算内容、存在的问题、其他必须说明的问题。

（7）复写、打印竣工结算书。

七、竣工决算编制步骤

（1）收集、分析、整理有关依据资料。

（2）清理各项账务、债务和结余物资。

（3）填写竣工决算报表。

（4）编制竣工决算报告说明书。

（5）进行工程造价对比分析。

（6）清理、装订竣工图。

学习单元十　施　工　索　赔

一、实训目的

通过施工索赔实务训练，提高学生正确贯彻执行国家建设工程相关法律、法规，正确应用现行的工程规范、标准图集等的基本技能，提高学生运用所学的专业理论知识独立分析问题和解决工程实际问题的能力，使学生基本掌握施工索赔的方法和技巧，培养学生该方面的专业技能。

（一）能力目标

（1）掌握施工索赔的基本要求。

（2）具备合同分析、研读的基本能力。

（3）培养学生一丝不苟的学习态度和自觉学习的良好习惯，科学、严谨的工作态度与团结协作、开拓创新的素质，为能够胜任今后的造价员、施工员岗位工作打下坚实的基础。

（二）知识目标

(1) 掌握施工索赔意向通知内容和编写方法。

(2) 熟悉索赔报告的内容、编写要求。

(3) 掌握施工索赔中工期、费用索赔的计算。

(4) 熟悉索赔事件的性质分析方法。

(5) 合理分析并收集索赔证据资料。

（三）素质目标

(1) 遵守国家相关法律、法规和政策，履行行业规范。

(2) 勤于思考、刻苦钻研、勇于创新、爱岗敬业。

(3) 诚实守信、尽职尽责、不得有伪造、作假行为。

(4) 工作认真细致、严谨，能自主学习，具有自我发展能力。

(5) 培养学生认真学习，不断探索的学习精神，注重理论联系实际的学习理念。

(6) 树立全面、协作和团结意识，为发展职业能力奠定良好的基础。

二、实训准备

(1) 相关法律、法规对应条款。

(2) 项目合同文本。

(3) 合同当事人相互来往的书面证据资料。

(4) 索赔事件的相关资料。

三、实训步骤

(1) 分析事件性质。

(2) 寻找事件对应的索赔依据资料。

(3) 发出索赔意向通知。

(4) 认真研究并草拟索赔报告。

(5) 核实索赔报告中的工期索赔、费用索赔数据计算的准确性。

(6) 仔细斟酌索赔报告中的语言表达。

(7) 索赔谈判的资料准备。

四、索赔案例

【案例 3-21】 某工程的业主与承包商签订了施工合同。施工合同的专用合同条款规定：钢材、木材、水泥由甲方供货到现场仓库，其他材料由承包商自行采购。

当工程施工需给框架柱钢筋绑扎时，因甲方提供的钢筋未到，使该项作业从 10 月 3～16 日停工（该项作业的总时差为零）。

10 月 7～9 日因停电、停水使砌砖工作停工（该项作业的总时差为 4 天）。

10 月 14～17 日因砂浆搅拌机发生故障使抹灰工作迟开工（该项作业的总时差为 4 天）。

为此，承包商于 10 月 18 日向监理工程师提交了一份索赔意向书，并于 10 月 25 日送交了索赔报告。其工期、费用索赔计算如下：

1. 工期索赔

框架柱钢筋绑扎 10月3~16日停工 计14天

砌砖 10月7~9日停工 计3天

抹灰 10月14~17日停工 计4天

工期索赔总计 14＋3＋4＝21（天）

2. 费用索赔

（1）窝工机械设备费。

一台塔吊闲置费＝闲置天数×机械台班费＝14×234＝3276（元）

一台混凝土搅拌机闲置费＝14×55＝770（元）

一台砂浆搅拌机闲置费＝（3＋4）×24＝168（元）

小计：3276＋770＋168＝4214（元）

（2）窝工人工费。

扎筋窝工人工费＝工作人数×工日费×延误天数＝35×20.15×14＝9873.50（元）

砌砖窝工人工费＝30×20.15×3＝1813.5（元）

抹灰窝工人工费＝35×20.15×4＝2821（元）

小计：9873.5＋1813.5＋2821＝14508（元）

（3）管理费增加（4214＋14508）×15％＝2808.3（元）

（4）利润损失＝（4214＋14508＋2808.3）×5％＝1076.52（元）

费用索赔合计：4214＋14508＋2808.3＋1076.52＝22606.82（元）

【问题的提出】

（1）承包商提出的工期索赔是否正确？应予批准的工期索赔为多少天？

（2）假定经双方协商一致，窝工机械设备费索赔按台班单价的65％计；考虑对窝工人工应合理安排工人从事其他作业后的降效损失，窝工人工费索赔按每工日10元计；管理费、利润损失不予补偿，试确定费用索赔额。

【分析处理】

1. 工期索赔

承包商提出的工期索赔不正确。

（1）框架柱绑扎钢筋停工14天，应予工期补偿。这是业主原因造成的，且该项作业位于关键线路上。

（2）砌砖停工，不予工期补偿。因为该项停工虽属于业主原因造成的，但该项作业不在关键线路上。

（3）抹灰停工，不予工期补偿，因为该项停工属于承包商自身原因造成的。

同意工期补偿：14＋0＋0＝14（天）

2. 费用索赔审定

（1）窝工机械设备费。

一台塔吊闲置费＝闲置天数×机械台班费（扣除燃料费等）

＝14×234×65％＝2129.4（元）（只计折旧费）

一台混凝土搅拌机闲置费＝14×55×65％＝500.5（元）（只计折旧费）

一台砂浆搅拌机闲置费＝3×24×65％＝46.8（元）（因停电闲置可按折旧费计取）因故障砂浆搅拌机停机 4 天应由承包商自行负责损失，故不给补偿。

小计：2129.4＋500.5＋46.8＝2676.7（元）

（2）窝工人工费。

扎筋窝工人工费＝工作人数×降效费×延误天数＝35.10×14＝4900（元）（扎筋窝工由业主原因造成，但窝工工人已做其他工作，只考虑降效费用。）

砌砖窝工人工费＝30×10×3＝900（元）（砌砖窝工由业主原因造成，但窝工工人已做其他工作，只考虑降效费用。）抹灰窝工因系承包商责任，不应给予补偿。

小计：4900＋900＝5800（元）

（3）管理费一般不予补偿。

（4）利润通常因暂时停工不予补偿。

费用索赔合计：2676.7＋5800＝8476.7（元）

【案例 3－22】 某工程建设项目的施工合同总价为 5000 万元，合同工期为 12 个月，在施工后第 3 个月，由于业主提出对原设计进行修改，使施工单位停工待图 1 个月。在基础施工时，承包商为保证工程质量，自行将原设计要求的混凝土强度等级由 C15 提高到 C20。工程竣工结算时，承包商向监理工程师提出费用索赔如下：

（1）由业主修改设计图纸延误 1 个月的有关费用损失。

1）人工窝工费用＝月工作日×日工作班数×延误月数×工日费×每班工作人数

$$＝20×2×1×30×30$$
$$＝36000（元）$$
$$＝3.6（万元）$$

2）机械设备闲置费用＝月工作日×日工作班数×每班机械台数
$$×延误月数×机械台班费$$
$$＝20×2×2×1×600$$
$$＝48000（元）$$
$$＝4.8（万元）$$

3）现场管理费＝合同总价÷工期×现场管理费率×延误时间
$$＝5000÷12×1％×1$$
$$＝4.17（万元）$$

4）公司管理费＝合同总价÷工期×公司管理费率×延误时间
$$＝5000÷12×6％×1$$
$$＝250000（元）$$
$$＝25（万元）$$

5）利润＝合同总价÷工期×利润率×延误时间 ＝5000÷12×5％×1
$$＝208300（元）$$
$$＝20.83（万元）$$

合计：3.6＋4.8＋4.17＋25＋20.83＝58.4（万元）

（2）由于基础混凝土强度的提高导致费用增加 10 万元。

【问题的提出】

（1）监理工程师是否同意接受承包商提出的索赔要求？为什么？

（2）如果承包商按照规定的索赔程序提出了上述索赔要求，监理工程师是否同意承包商所提索赔费用的计算方法？

（3）假定经双方协商一致，机械设备闲置费索赔按台班单价的 65％计；考虑对窝工人员应合理安排从事其他作业后的降效损失，窝工人工费索赔按每工日 10 元计；管理费补偿、利润损失不予补偿。试确定费用索赔额。

（4）监理工程师做出的索赔处理是否对当事人双方有强制性约束力？

【分析处理结果】

（1）监理工程师不同意接受承包商的索赔要求，因为不符合一般索赔程序。通常，承包商应当在索赔事件发生后的 28 天内，向监理工程师提交索赔意向通知。如果超过这个期限，监理工程师和业主有权拒绝其索赔要求。本工程承包商是在竣工结算时才提出该项索赔要求，显然已超过索赔的有效期限。

（2）监理工程师对所提索赔额的处理意见。

1）由于业主图纸延误造成的人工窝工及机械闲置费用损失，应给予补偿。但原计算方法不当，人工费不应按工日计算，机械费用不应按台班费计算，而应按人工和机械的闲置（机械折旧费或租赁费）计算，若人工或机械安排从事其他工作，可考虑生产效率下降而导致的费用增加。

2）管理费的计算（公司及现场管理费）不能以合同总价为基数乘以相应费率，而应以直接费用为基数乘以费率来计算。

3）利润已包括在各项工程内容的价格内，除工程范围变更和施工条件变化引起的索赔可考虑利润补偿外，由于延误工期并未影响削减某项工作的实施而导致利润减少，故不应再给予利润补偿。

4）由于提高基础混凝土强度而导致的费用增加，是属于承包商本身所采取的技术措施，不是业主的要求，也不是设计、合同及规范的要求，所以这部分费用应由承包商自行承担。

（3）费用索赔计算。

1）人工窝工费用＝月工作日×日工作班数×延误月数×降效费×每班工作人数

$$＝20×2×1×10×30$$

$$＝12000（元）$$

$$＝1.2（万元）$$

2）机械设备闲置费用＝月工作日×日工作班数×每班机械台数

×延误月数×机械折旧费

$$＝20×2×2×1×600×65％$$

$$＝31200（元）$$

$$＝3.12（万元）$$

3）管理费计算。

合同总价：A＝5000 万元

扣除利润：A＝B+B×5％所以 B＝A÷(1+5％)＝5000÷(1+5％)＝4761.90(万元)

扣公司管理费：C＝B÷(1+6％)＝4761.90÷(1+6％)＝4492.36(万元)

扣现场管理费：D＝C÷(1+1％)＝4492.36÷(1+1％)＝4447.88(万元)

应补偿现场管理费＝直接费用÷工期×现场管理费率×延误时间

＝4447.88÷12×1％×1

＝37100(元)

＝3.71(万元)

应补偿公司管理费＝(直接费用＋现场管理费)÷工期×公司管理费率×延误时间

＝(4447.88+3.71)÷12×6％×1

＝222600(元)

＝22.26(万元)

4）利润不予补偿。

费用索赔合计：1.2+3.12+3.71+22.26＝30.29(万元)

（4）监理工程师做出索赔处理，对业主及承包商都不具有强制性的约束力。如果任何一方认为该处理决定不公正，都可提请监理工程师重新考虑，或向监理工程师提供进一步的证明，要求监理工程师作适当的修改、补充或让步。如监理工程师仍坚持原决定，或承包商对新的决定仍不同意，可按合同中有关条款，提请争议评审组评审。

五、学生实训练习页

【案例 3-23】 承包人为某省建工集团第五工程公司（乙方），于 2000 年 10 月 10 日与某城建筑职业技术学院（甲方）签订了新建建筑面积 20000m² 综合教学楼的施工合同。乙方编制的施工方案和进度计划已获监理工程师的批准。该工程的基坑施工方案规定：土方工程采用租赁两台斗容量为 1m³ 的反铲挖掘机施工。甲乙双方合同约定 2000 年 11 月 6 日开工，2002 年 7 月 6 日竣工。在实际施工中发生如下几项事件：

（1）2000 年 11 月 10 日，因租赁的两台挖掘机大修，致使承包人停工 10 天。承包人提出停工损失人工费、机械闲置费等 3.6 万元。

（2）2001 年 5 月 9 日，因发包人供应的钢材经检验不合格，承包人等待钢材更换，使部分工程停工 20 天。承包人提出停工损失人工费、机械闲置费等 7.2 万元。

（3）2001 年 7 月 10 日，因发包人提出对原设计局部修改引起部分工程停工 13 天，承包人提出停工损失费 6.3 万元。

（4）2001 年 11 月 21 日，承包人书面通知发包人于当月 24 日组织主体结构验收。因发包人接收通知人员外出开会，使主体结构验收的组织推迟到当月 30 日才进行，也没有事先通知承包人。承包人提出装饰人员停工等待 6 天的费用损失 2.6 万元。

（5）2002 年 7 月 28 日，该工程竣工验收通过。工程结算时，发包人提出反索赔应扣除承包人延误工期 22 天的罚金。按该合同每提前或推后工期一天，奖励或扣罚 6000 元的条款规定，延误工期罚金共计 13.2 万元人民币。

【问题】

（1）简述工程施工索赔的程序。

（2）承包人对上述哪些事件可以向发包人要求索赔，哪些事件不可以要求索赔；发包人对上述哪些事件可以向承包人提出反索赔，并说明原因。

（3）每项事件工期索赔和费用索赔各是多少？

（4）本案例给人的启示意义？

【案例3-24】 发包人为某市房地产开发公司，发出公开招标书，对该市一幢商住楼建设进行招标。按照公开招标的程序，通过严格的资格审查以及公开开标、评标后，某省建工集团第三工程公司被选中确定为该商住楼的承包人，同时进行了公证。随后双方签订了"建设工程施工合同"。合同约定建筑工程面积为6000m²，总造价370万元，签订变动总价合同，今后有关费用的变动，如由于设计变更、工程量/化和其他工程条件变化所引起的费用变化等可以进行调整；同时还约定了竣工期及工程款支付办法等款项。合同签订后，承包人按发包人提供的经规划部门批准的施工平面位置放线后，发现拟建工程南端应拆除的构筑物（水塔）影响正常施工。发包人察看现场后便作出将总平面进行修改的决定，通知承包人将平面位置向北平移4m后开工。正当承包人按平移后的位置挖完基槽时，规划监督工作人员进行检查发现了问题当即向发包人开具了6万元人民币罚款单，并要求仍按原位施工。承包人接到发包人仍按原平面位置施工后的书面通知后提出索赔如下：

××房地产开发公司工程部：

接到贵方仍按原平面图位置进行施工的通知后，我方将立即组织实施，但因平移4m使原已挖好的所有横墙及部分纵墙基槽作废，需要用土夯填并重新开挖新基槽，所发生的此类费用及停工损失应由贵方承担。

（1）所有横墙基槽回填夯实费用4.5万元；

（2）重新开挖新的横墙基槽费用6.5万元；

（3）重新开挖新的纵墙基槽费用1.4万元；

（4）90人停工25天损失费3.2万元；

（5）租赁机械工具费1.8万元；

（6）其他应由发包人承担的费用0.6万元；

（以上6项费用合计：18.00万元）

（7））顺延工期25天。

××建工集团第三工程司　　　　　　　××年×月×日

【问题】

（1）建设工程施工合同按照承包工程计价方式不同分为哪几类？

（2）承包人向发包人提出的费用和工期索赔的要求是否成立？为什么？

【案例3-25】 某工程采用固定单价承包形式的合同，在施工合同专用条款中明确了组成本合同的文件及优先解释顺序如下：①本合同协议书；②中标通知书；③投标书及附件；④本合同专用条款；⑤本合同通用条款；⑥标准、规范及有关技术文件；⑦图纸；⑧工程量清单；⑨工程报价单或预算书。合同履行中，发包人、承包人有关工程的洽商、变更等书面协议或文件视为本合同的组成部分。在实际施工过程中发生了如下事件：

事件一：发包人未按合同规定交付全部施工场地，致使承包人停工10天。承包人提出将工期延长10天及停工损失人工费、机械闲置费等3.6万元的索赔。

事件二：本工程开工后，钢筋价格由原来的 3600 元/t 上涨到 3900 元/t，承包人经过计算，认为中标的钢筋制作安装的综合单价每吨亏损 300 元，承包人在此情况下向发包人提出请求，希望发包人考虑市场因素，给予酌情补偿。

【问题的提出】

（1）承包人就事件一对工期的延长和费用索赔的要求，是否符合本合同文件的内容约定？

（2）承包人就事件二提出的要求能否成立？为什么？

附表：

一、概算定额表

附表一　　　　　　　　　**1m³ 挖掘机挖土自卸汽车运输（一—36）**

适用范围：露天作业。

工作内容：挖装、运输、卸除、空回。

（1）Ⅰ～Ⅱ类土　　　　　　　　　　　　　　　定额单位：100m³

项目	单位	运距/km					增运 1km
		1	2	3	4	5	
工长	工时						
高级工	工时						
中级工	工时						
初级工	工时	6.3	6.3	6.3	6.3	6.3	
合　计	工时	6.3	6.3	6.3	6.3	6.3	
零星材料费	%	4	4	4	4	4	
挖掘机　液压 1m³	台时	0.95	0.95	0.95	0.95	0.95	
推土机　59kW	台时	0.47	0.47	0.47	0.47	0.47	
自卸汽车　5t	台时	9.31	12.18	14.83	17.33	19.73	2.21
8t	台时	6.15	7.95	9.61	11.17	12.67	1.38
10t	台时	5.13	7.25	8.65	9.98	11.25	1.16
定额编号		10616	10617	10618	10619	10620	10621

附表二　　　　　　**1m³ 液压反铲挖掘机挖渠道土方自卸汽车运输（一—50）**

适用范围：上口宽小于 16m 的土渠。

工作内容：机械开挖、装汽车运输、人工配合挖保护层、胶轮车倒运土 50m、修边、修底等。

（2）Ⅲ类土　　　　　　　　　　　　　　　定额单位：100 m³

项目	单位	运距/km					增运 1km
		1	2	3	4	5	
工长	工时						
高级工	工时						
中级工	工时						
初级工	工时	41.8	41.8	41.8	41.8	41.8	
合　计	工时	41.8	41.8	41.8	41.8	41.8	

项目	单位	运距/km					增运 1km
		1	2	3	4	5	
零星材料费	%	3	3	3	3	3	
挖掘机液压 1m³	台时	1.06	1.06	1.06	1.06	1.06	
推土机 59kW	台时	0.53	0.53	0.53	0.53	0.53	
自卸汽车 5t	台时	10.43	13.65	16.62	19.43	22.11	2.47
8t	台时	6.90	8.91	10.77	12.52	12.67	1.55
10t	台时	6.42	8.13	9.70	11.18	11.25	1.30
胶轮车	台时	9.93	9.93	9.93	9.93	9.93	
定额编号		10874	10875	10876	10877	10878	10879

附表三 　　　　　　　　基础石方开挖——风钻钻孔（二—11）

（2）开挖深度 3m　　　　　　　　定额单位：100m³

项目	单位	岩石级别			
		V～Ⅷ	Ⅸ～Ⅹ	Ⅺ～Ⅻ	ⅩⅢ～ⅩⅣ
工　长	工时	4.3	5.3	6.8	8.4
高级工	工时				
中级工	工时	39.9	58.3	80.6	115.8
初级工	工时	168.6	204.9	244.6	300.8
合　计	工时	212.8	268.5	332.0	425.0
合金钻头	个	2.29	3.78	5.46	7.71
炸　药	kg	40	51	61	70
火雷管	个	186	233	269	305
导火线	m	285	360	416	472
其他材料费	%	8	8	8	8
风钻手持式	台时	9.51	16.30	25.94	42.59
其他机械费	%	10	10	10	10
石碴运输	m³	107	107	107	107
定额编号		20133	20134	20135	20136

1m³ 挖掘机装石碴汽车运输（二－34）

工作内容：挖装、运输、卸除、空回。

（1）露天　　　　　　　　　　　　　　定额单位：100m³

项目	单位	运距/km					增运 1km
		1	2	3	4	5	
工长	工时						
高级工	工时						
中级工	工时						
初级工	工时	18.7	18.7	18.7	18.7	18.7	
合计	工时	18.7	18.7	18.7	18.7	18.7	
零星材料费	%	2	2	2	2	2	
挖掘机液压 1m³	台时	2.82	2.82	2.82	2.82	2.82	
推土机 88kw	台时	1.41	1.41	1.41	1.41	1.41	
自卸汽车　5t	台时	16.50	21.24	25.61	29.72	33.65	3.64
8t	台时	11.20	14.15	16.87	19.43	21.88	2.27
定额编号		20457	20458	20459	20460	20461	20462

附表五　　　　　　　　　　　**浆砌块石（三－8）**

工作内容：选石、修石、冲洗、拌制砂浆、砌筑、勾缝。

　　　　　　　　　　　　　　　　　　定额单位：100m³ 砌体方

项目	单位	护坡		护底	基础	挡土墙	桥墩闸墩
		平面	曲面				
工长	工时	17.3	19.8	15.4	13.7	16.7	18.2
高级工	工时						
中级工	工时	356.5	436.2	292.6	243.3	339.4	387.8
初级工	工时	490.1	531.2	457.2	427.4	478.5	504.7
合计	工时	863.9	987.2	765.2	684.4	834.6	910.7
块石	m³	108	108	108	108	108	108
砂浆	m³	35.3	35.3	35.5	34.0	34.0	34.8
其他材料费	%	0.5	0.5	0.5	0.5	0.5	0.5
砂浆搅拌机 0.4 m³	台时	6.54	6.54	6.54	6.3	6.38	6.45
胶轮车	台时	163.44	163.44	163.44	160.19	161.18	162.18
定额编号		30029	30030	30031	30032	30033	30034

泵站（四—4）

适用范围：抽水站、扬水站等各式泵站。

定额单位：100m³

项目	单位	下部	中部	上部
工长	工时	14.8	19.4	22.9
高级工	工时	29.5	54.4	76.3
中级工	工时	280.3	370.1	442.3
初级工	工时	167.3	198.7	221.2
合计	工时	491.9	642.6	762.7
混凝土	m³	108	108	104
水	m³	75	75	124
其他材料费	%	4	4	4
振动器 1.1kW	台时	25.36	42.86	58.06
风水枪	台时	8.82	4.41	2.12
其他机械费	%	20	20	20
混凝土拌制	m³	108	108	104
混凝土运输	m³	108	108	104
定额编号		40015	40016	40017

附表七 渠道（四—11）

(1) 明渠

适用范围：引水、泄水、灌溉渠道及隧洞进出口明挖段的边坡、底板，土基上的槽形整体。

定额单位：100m³

项目	单位	衬砌厚度/cm		
		15	25	35
工长	工时	34.1	23.6	18.0
高级工	工时	56.9	39.4	30.0
中级工	工时	454.8	315.2	240.1
初级工	工时	591.2	409.7	312.2
合计	工时	1137.0	787.9	600.3
混凝土	m³	137	124	117
水	m³	244	220	163
其他材料费	%	1	1	1
振动器 1.1kW	台时	61.45	55.44	42.61
风水枪	台时	61.45	36.94	26.33
其他机械费	%	11	11	11
混凝土拌制	m³	137	124	117
混凝土运输	m³	137	124	117
编号		40060	40061	40062

渡槽槽身预制及安装（四—19）

适用范围：各型混凝土渡槽。

定额单位：100m³

项目	单位	U 形	矩形肋板式
工长	工时	262.1	93.8
高级工	工时	1239.8	693.0
中级工	工时	3718.6	1615.6
初级工	工时	1749.5	361.4
合计	工时	6970.0	2763.8
锯材	m³	2.4	4.6
组合钢模板	kg	376	25
型钢	kg	764	
卡扣件	kg	154.45	12.46
铁件	kg	603	70
电焊条	kg	29.46	28.2
环氧砂浆	m³	0.1	0.1
膨胀混凝土	m³	6.59	6.59
混凝土	m³	104	104
水	m³	184	184
其他材料费	%	3	3
振动器 1.1kW	台时	46.2	46.2
搅拌机 0.4 m³	台时	19.28	19.28
胶轮车	台时	97.44	97.44
载重汽车 5t	台时	3.82	0.63
电焊机 25kVA	台时	34.65	33.18
平板振动器 2.2kW	台时		27.78
卷扬机 3t	台时	51.45	51.45
起重机 40t	台时	33.6	33.6
其他机械费	%	10	10
预制件运输	m³	100	100
混凝土运输	m³	7	7
定额编号		40101	40102

搅拌机拌制混凝土（四—35）

适用范围：各种级配常态混凝土

定额单位：100m³

项目	单位	搅拌机出料/m³	
		0.4	0.8
工长	工时		
高级工	工时		
中级工	工时	126.2	93.8
初级工	工时	167.2	124.4
合计	工时	293.4	218.2
零星材料费	％	2	2
搅拌机	台时	18.9	9.07
胶轮车	台时	87.15	87.15
定额编号		40171	40172

胶轮车运混凝土（四—38）

适用范围：人工给料。

定额单位：100m³

项目	单位	运距/m					增运
		50	100	200	300	400	50m
工长	工时						
高级工	工时						
中级工	工时						
初级工	工时	76.6	102.6	160.7	218.9	277.0	29.1
合计	工时	76.6	102.6	160.7	218.9	277.0	29.1
零星材料费	％	6	6	6	6	6	6
胶轮车	台时	58.8	78.75	123.38	168.0	212.63	22.31
定额编号		40180	40181	40182	40183	40184	40185

塔式起重机吊运混凝土（四—49）

适用范围：内燃机车或汽车运混凝土吊罐给料。

定额单位：100m³

项目	单位	混凝土吊罐3m³			混凝土吊罐6m³		
		吊高/m					
		≤10	10～30	＞30	≤10	10～30	＞30
工长	工时						
高级工	工时	2.7	3.4	4.0	2.5	3.0	3.6
中级工	工时	8.2	10.3	11.9	7.4	9.0	10.7
初级工	工时	2.7	3.4	4.0	2.5	9.0	3.6
合计	工时	13.6	17.1	19.9	12.4	15.0	17.9
零星材料费	％	6	6	6	6	6	6
塔式起重机 25t	台时	2.26	2.94	3.41			
塔式起重机 1800/60 型	台时				1.31	1.73	2.0
混凝土吊罐	台时	2.26	2.94	3.41	1.31	1.73	2.0
定额编号		40241	40242	40243	40244	40245	40246

手扶拖拉机运混凝土预制板（四—55）

适用范围：人工装车。

定额单位：100m³

项目	单位	运距/m				增运 50m
		50	100	200	300	
工长	工时					
高级工	工时					
中级工	工时					
初级工	工时	181.9	181.9	181.9	181.9	
合计	工时	181.9	181.9	181.9	181.9	
零星材料费	%	3	3	3	3	
手扶拖拉机 11kW	台时	55.56	57.37	61.0	64.39	1.32
定额编号		40262	40263	40264	40265	40266

二、预算定额表

附表十三　　　　　　　　　　**浆砌块石（三—6）**

工作内容：选石、修石、冲洗、拌制砂浆、砌石、勾缝。

定额单位：100m³

项目	单位	护坡		护底	基础	挡土墙	桥闸墩
		平面	曲面				
工长	工时	16.8	19.2	14.9	13.3	16.2	17.7
高级工	工时						
中级工	工时	346.1	423.5	284.1	236.2	329.5	376.5
初级工	工时	475.8	515.7	443.9	415.0	464.6	490.0
合计	工时	838.7	958.4	742.9	664.5	810.3	884.2
块石	m³	108	108	108	108	108	108
砂浆	m³	35.3	35.3	35.5	34.0	34.0	34.8
其他材料费	%	0.5	0.5	0.5	0.5	0.5	0.5
砂浆搅拌机 0.4 m³	台时	6.35	6.35	6.35	6.12	6.19	6.26
胶轮车	台时	158.68	158.68	158.68	155.52	156.49	157.46
编号		30017	30018	30019	30020	30021	30022

三、设备安装定额表

附表十四   **桥式起重机（九—1）**   定额单位：台

项目	单位	起重能力/t				
		250	300	350	400	450
工长	工时	434	511	584	654	724
高级工	工时	2231	2612	2981	3328	3680
中级工	工时	3851	4537	5202	5826	6459
初级工	工时	2109	2490	2859	3206	3558
合计	工时	8625	10150	11626	13014	14421
钢板	kg	465	547	628	710	792
型钢	kg	745	875	1006	1136	1267
垫铁	kg	233	273	314	355	396
电焊条	kg	61	72	83	94	104
氧气	m³	61	72	83	94	104
乙炔气	m³	27	31	36	40	44
汽油	kg	43	50	58	65	72
柴油	kg	93	109	125	142	158
油漆	kg	52	61	70	80	89
棉纱布	kg	74	88	101	113	126
木材	m³	1.8	2.1	2.3	2.6	2.7
其他材料费	%	30	30	30	30	30
汽车起重机 20t	台时	43	51			
汽车起重机 30t	台时			59	65	81
门式起重机 10t	台时	89	105	121	135	151
卷扬机 5t	台时	293	349	400	447	498
电焊机 20～30kVA	台时	89	105	121	135	151
空气压缩机 9m³/min	台时	89	105	121	135	151
载重汽车 5t	台时	59	70	81	90	101
其他机械费	%	18	18	18	18	18
定额编号		9011	9012	9013	9014	9015

附表十五   **轨道（九—6）**   定额单位：双10m

项目	单位	轨型			
		QU100	QU120	QU140	QU160
工长	工时	18	22	24	34
高级工	工时	74	87	96	134
中级工	工时	184	217	240	335
初级工	工时	92	108	120	168
合计	工时	368	434	480	671
钢板	kg	48.6	56.4	62.3	84.4
型钢	kg	41.7	48.3	53.4	72.3

项　目	单位	轨　型			
		QU100	QU120	QU140	QU160
电焊条	kg	8.3	9.7	10.7	14.5
乙炔气	m³	5.4	6.3	6.9	9.4
其他材料费	%	10	10	10	10
汽车起重机 8t	台时	3.1	3.3	3.5	4.6
电焊机 20～30kVA	台时	13.3	14.2	15.2	19.7
其他机械费	%	5	5	5	5
定额编号		09094	09095	09096	09097

附表十六　　　　　　　　**滑触线（九—7）**　　　　　　　定额单位：三相 10m

项　目	单位	起重机自重/t			
		≤100	≤400	≤600	＞600
工长	工时	4	5	6	7
高级工	工时	16	21	26	29
中级工	工时	41	53	65	73
初级工	工时	21	26	32	36
合计	工时	82	105	129	145
型钢	kg	30.6	33.4	39.9	42.3
电焊条	kg	5.1	5.6	6.6	7.1
氧气	m³	5.1	5.6	6.6	7.1
乙炔气	m³	2.3	2.5	2.9	3.1
棉纱头	kg	1.5	1.6	1.9	2.1
其他材料费	%	15	15	15	15
电焊机 20～30kVA	台时	5	7.1	8.4	9.8
摇臂钻床 ⌀50	台时	3.2	4.4	5.3	6.1
其他机械费	%	5	5	5	5
定额编号		09098	09099	09100	09101

附表十七　　　　　　　　**水泥砂浆材料配合表**

(1) 砌筑砂浆　　　　　　　定额单位：m³

砂浆类别	砂浆强度等级	水泥/kg 32.5级	砂 /m³	水 /m³
水泥砂浆	M5	211	1.13	0.127
	M7.5	261	1.11	0.157
	M10	305	1.10	0.183
	M12.5	352	1.08	0.211
	M15	405	1.07	0.243
	M20	457	1.06	0.274
	M25	522	1.05	0.313
	M30	606	0.99	0.364
	M40	740	0.97	0.444

附图：某办公楼工程施工图

首层平面图

工程名称	办公楼
图 名	首层平面图
图 号	建施 1设计

171

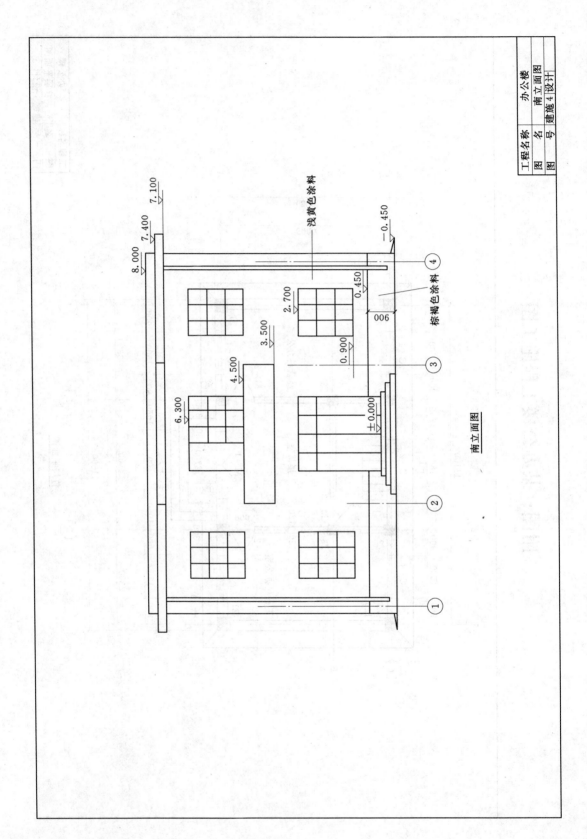

南立面图

浅黄色涂料

棕褐色涂料

工程名称	办公楼
图 名	南立面图
图 号	建施 4 设计

172

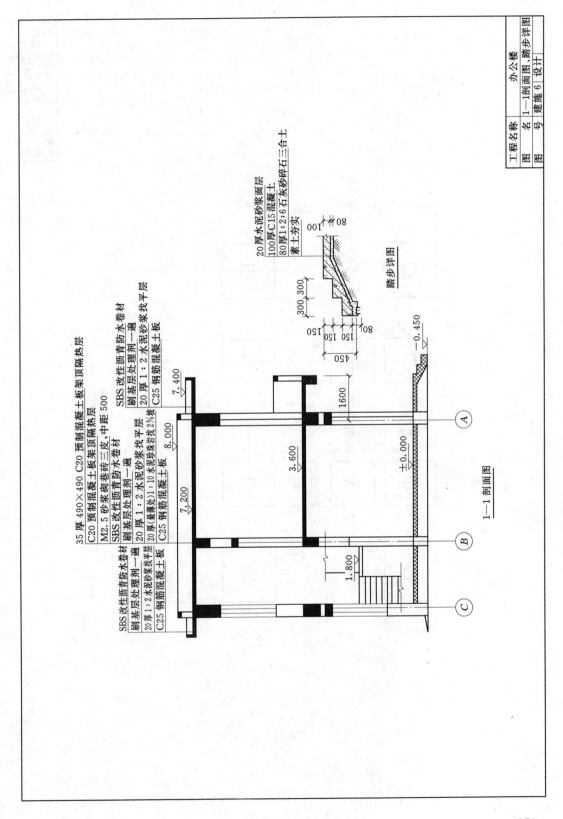

工程名称		办公楼
图名		1—1剖面图,踏步详图
图号		建施6 设计

35厚490×490 C20预制混凝土板架顶隔热层
C20预制混凝土板架顶隔热层
M2.5砂浆砌巷砖三皮,中距500
SBS改性沥青防水卷材
刷基层处理剂一遍
20厚1∶2水泥砂浆找平层
20厚最薄处1∶10水泥珍珠岩找坡2%坡
C25钢筋混凝土板

SBS改性沥青防水卷材
刷基层处理剂一遍
20厚1∶2水泥砂浆找平层
C25钢筋混凝土板

SBS改性沥青防水卷材
刷基层处理剂一遍
20厚1∶2水泥砂浆找平层
C25钢筋混凝土板

7.400

8.000

7.200

3.600

±0.000

1.800

−0.450

Ⓐ Ⓑ Ⓒ

1—1剖面图

20厚水泥砂浆面层
100厚C15混凝土
80厚1∶2∶6石灰砂碎石三合土
素土夯实

100
80

300 300

150 150

80

150 150

450

1600

踏步详图

173

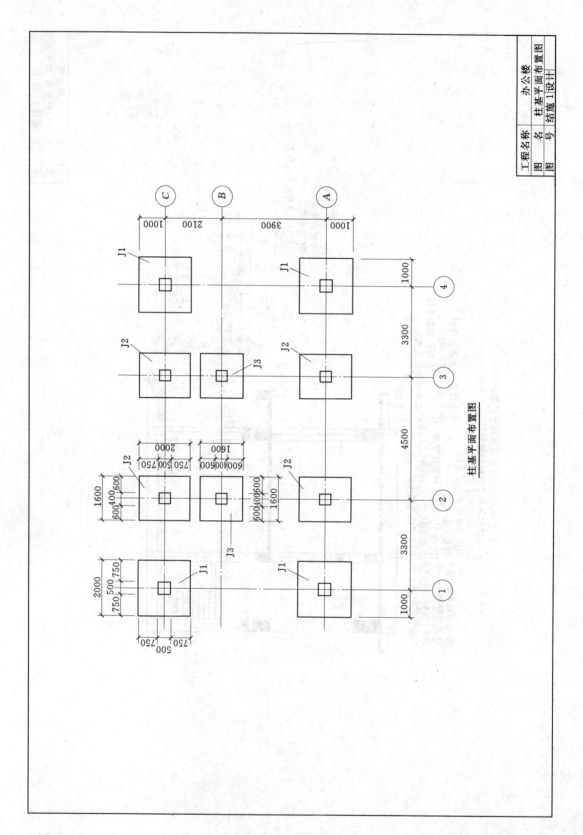

柱基平面布置图

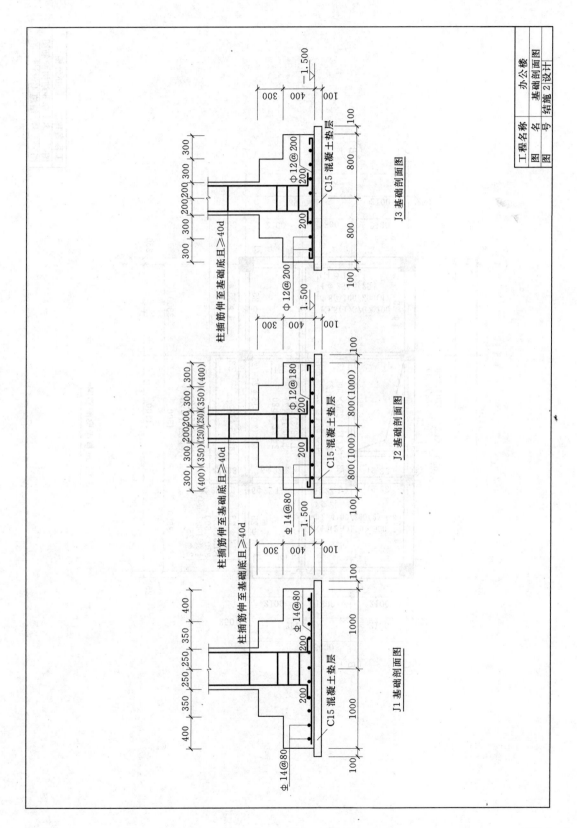

J1 基础剖面图

J2 基础剖面图

J3 基础剖面图

C15 混凝土垫层

柱插筋伸至基础底目≥40d

Φ14@80

Φ14@80

Φ12@180

Φ12@200

工程名称　办公楼
图　名　基础剖面图
图　号　结施 2 设计

175

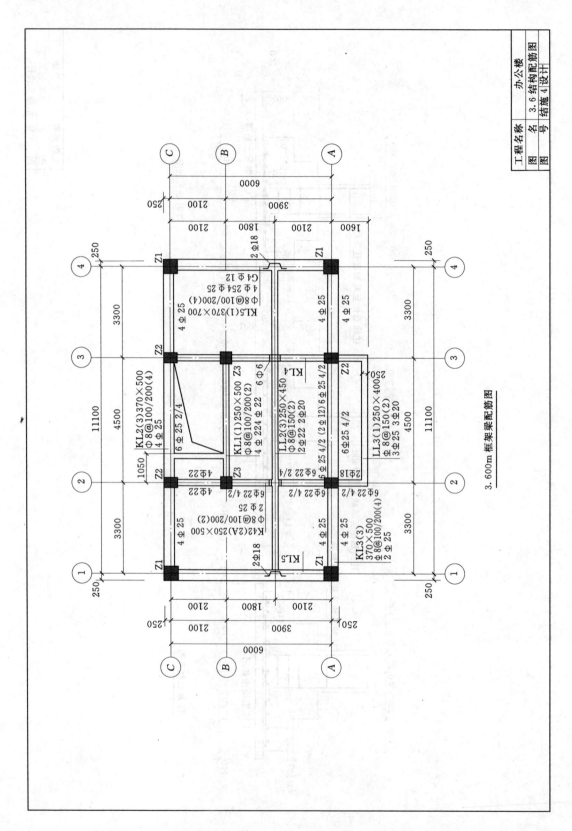

3.600m框架梁配筋图

176

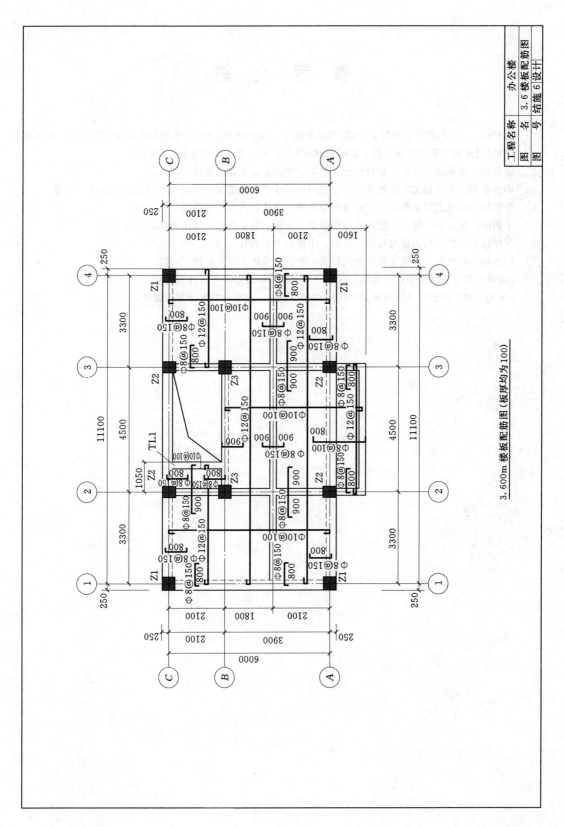

3.600m 楼板配筋图（板厚均为100）

参 考 文 献

[1] 水利部.《水利建筑工程概算定额》《水利施工机械台时费定额》《水利水电工程设备安装工程概算定额》《水利工程设计概（估）算编制规定》. 郑州：黄河水利出版社，2002.

[2] 康喜梅. 水利水电工程计量与计价. 北京：中国水利水电出版社，2010.

[3] 中国水利学会水利工程造价管理专业委员会. 水利工程造价. 北京：中国计划出版社，2002.

[4] 张根凤. 建筑工程概预算与工程量清单计价. 重庆：重庆大学出版社，2013.

[5] 王娟丽，杨文娟. 建筑工程定额与概预算. 北京：北京理工大学出版社，2010.

[6] 王朝霞. 建筑工程定额与计价. 北京：中国电力出版社，2009.

[7] 唐小林，吕奇光. 建筑工程计量与计价. 重庆：重庆大学出版社，2011.

[8] 《建设工程工程量清单计价规范》GB 50500—2008. 北京：中国计划出版社，2008.

[9] 《水利工程工程量清单计价规范》GB 50501—2007. 北京：中国计划出版社，2007.